跟老师傅做

怀旧糕饼

吕鸿禹／著

杨志雄／摄影

中国轻工业出版社

米面之间寻找文化的生命力

　　"糗饵"和"粉餈"都是糕，以米为主、以豆麦为副，将谷物蒸熟再捶打成团属于"饵"，若将米谷磨粉后揉圆、蒸熟则为"餈"，或蘸豆粉防粘，或以糖浆沾裹成形。

　　将米、麦研粉、揉团，经水煮或油炸，再沾上蜂蜜糖浆，就做成了蜜麻花或馓子。麦芽糖与蜂蜜很适合用来给饼食调味，这两种食材的加入也是饼食干、湿、软、硬的关键秘诀。

　　吕师傅最让人钦佩的一点就是凡事都亲力亲为，这也是我治学以来严格谨守的原则。

　　本书集结牛舌饼、卷饼、炸糕、茶食、蛋糕、双糕润等不同口味的点心的制作方法，将传统与创新相结合。除此之外，还介绍了有鲜明地方特色的点心的制作方式，如流行于黄河流域一带的石头饼，云南的鲜花饼和甘肃的馓子。制饼人凭借着熟悉的技艺，靠着触觉与味觉认识，进而将米面的制作转化成一套工序，复现糕饼样貌，这是让人非常钦佩的"识物之学"。我未吃过双糕润，也没研究过白香饼、太阳饼、牛舌饼之间制作方法上的差异，但在鸿禹师傅的书内却能习得制作真窍。

　　糕饼一直是祭祀与宴请亲友等重要时刻的必备品，从《怀旧糕饼》系列书中不难发现各种米面食品的制作与花样无不带着视觉美感，制作过程中必须历经繁复过程，且口味和造型各异，带有一定的文化价值。

屏东科技大学通识教育中心助理教授

古佳峻

作者序

只想将手艺传承

《怀旧糕饼》系列图书至今已出版 4 本。

这些以古早味点心为主的糕饼制作方法，均是本人从年少时期就开始学习的，本人有幸学过并详细记录从而学以致用，才有经验写出这些书。

有感于古早味糕饼的制作工艺已逐渐消失，又恐后继无人，因此更觉得有责任和义务将它传承下去，这是写《跟老师傅做怀旧糕饼》的动力。因此，最近几年我经常去全国各地及日本走访，为的是想找回一些已失传的糕点及有浓郁地方特色的糕饼制作方法。

本书共分 6 章，共介绍了 5 大类糕饼的制作方法，共用 1000 余张图片来分解步骤，更特别收录极受大众读者欢迎的几种糕点，并直接在制作步骤下方添加批注，使制作方法更加浅显易懂。

在此，还是要再次感谢各位对我的支持与厚爱，未来尚有几本相关书籍需要大家继续支持！谢谢大家！

吕博禹

目 录

第一章 酥饼

第二章 酥点

第三章 糕点

第四章　茶点

第五章　其他

第六章　特别收录

第一章

酥饼

制作酥饼的关键在于掌握油酥与油皮的比例，
只有掌握饼皮的制作要领，才能烘焙出外皮酥香、内馅厚实的酥饼。
不论是口感酥脆的牛舌饼、酥香咸甜的老公饼，
抑或是乘载一段感人传说的老婆饼，各种滋味的酥饼，
满足了我们的味蕾。

牛奶酥

  油皮分为直酥、横酥、卷酥、大包酥、小包酥等，牛奶酥属卷酥的一种，为出现层次分明的效果所以做法上采用2次3折法，如果想再多些层次，可在第2次3折擀开前先对切油皮，将2片相叠擀平再卷起，就成为多层次的油皮。

☰ 分量

可做20个，每个62克（油皮20克、油酥12克、内馅30克）

⁝ 材料

A 油皮

中筋面粉210克、糖粉20克、猪油70克、水100克

B 油酥

低筋面粉160克、猪油80克

C 内馅（牛奶馅）

糖粉100克、低筋面粉180克、牛奶120毫升、奶粉80克、无水黄油70克、鸡蛋1个（约60克）

🎩 制作内馅

1 将糖粉、奶粉、牛奶先拌匀，加入鸡蛋拌匀。

2 加入无水黄油拌匀。加入低筋面粉拌匀揉成团。

3 将牛奶馅分成约20个单个重量为30克的面团。

🎩 制作外皮与组合

4 将材料B全部混合制成油酥。

5 倒入全部材料A，混合制成油皮，静置20分钟。

6 将油皮分割成20个单个重量为20克的小面团，油酥分成单个重量为12克的若干个小团。

7 将油酥包入油皮中。

8 包好后擀成长条形。

9 折成3折①。

10 擀平后卷起。

11 再把油皮擀成长条形，再折3折、擀平后卷起②。

12 将每个油皮切成两半。

13 切口朝上擀平③。

14 油皮包入30克内馅，略加整形成圆形。

15 码入烤盘后放入预热后的烤箱上层，以上火180℃、下火170℃烤20分钟至表皮略膨起。螺旋分明时用手轻压旁边表皮，如不塌陷即可取出。

---

① 用这种方法制作的面皮层次较多，也较酥脆，多用于酥饼类。用将面皮的两边都往中间折的制作方法做成的面皮层次较少，大都用于烧饼类。

② 最后一次折叠的面皮一定要静置10分钟以上，否则很难擀开。

③ 为避免油皮变形或走样，擀前须先把油皮拍扁并将旁边拍薄，避免用擀面杖由中间或由旁边擀，以免变形或造成螺纹扩散或挤在一起。

炼乳酥

　　炼乳酥为横酥，所以跟一般油皮卷法不同，难度也较大。卷酥是直切，面皮有筋性容易包馅；横酥是横切，将筋性切断，擀开时容易松散，不容易包入馅料，所以制作时要略为用心。

☰ 分量
可做20个，每个62克（油皮20克、油酥12克、内馅30克）

⁞材料

A 油皮
中筋面粉210克、糖粉20克、猪油70克、水100克

B 油酥
低筋面粉160克、猪油80克

C 内馅（炼乳馅）
红薯粉120克、马铃薯粉180克、奶粉30克、无水黄油70克、炼乳200克

🧑‍🍳 制作内馅

1 将材料C中炼乳、奶粉先拌匀，加入无水黄油继续搅拌均匀，加入马铃薯粉、红薯粉拌成团，分成20个单个重量为30克的内馅团。

🧑‍🍳 制作外皮与组合

2 将材料B全部混合制成油酥。

3 将材料A全部放入容器中，混合制成油皮静置20分钟。

4 将油皮、油酥各自分割，油皮单个重量为20克、油酥单个重量为12克。油皮包入油酥（油皮在外油酥在内）。

5 包好后擀成长方形，折成3折。

6 卷起。

7 再把油皮擀成长方形。

8 折3折后卷起。

9 将油皮直切成2个半横纹皮。

10 再将2个半横纹皮捏成一个油皮，切口朝上擀平①。

11 油皮包入30克内馅，略加整形成椭圆形。

12 排入烤盘，放入预热后的烤箱上层，以上火180℃、下火170℃烤20分钟至表皮略膨胀，螺旋分明时用手轻压旁边表皮，若不塌陷即可取出。

炼乳制作

🥄 材料

奶粉180克、牛奶150毫升、白砂糖480克、麦芽糖60克、水40克

🧑‍🍳 做法

1. 盆中放入白砂糖、麦芽糖、奶粉、水先拌成膏状。
2. 加入牛奶拌匀，用中火慢煮（用隔水加热法）。
3. 边加热边搅拌以防焦底。
4. 拌至收汁即可盛入容器放凉备用。

---

① 包好、擀制完成后对切、重叠，表皮层次会更多。

☼ Tips

横酥跟一般油皮卷法不同，因此用更多图片来演示制作方法。

凤片酥

这道凤片酥和传统凤片糕的口味大不相同，将外皮制成口感酥脆的酥皮，再包覆浓郁的馅料，另有一番风味。

☰ 分量

可做15个，每个32克（外皮16克、内馅16克）

∴ 材料

A 外皮（酥皮）

低筋面粉120克、糖粉80克、酥油40克

B 内馅

糕仔粉60克、糖清仔130克、奶粉20克、无水黄油30克

👨‍🍳 制作内馅

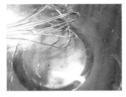

1 将糖清仔、奶粉、无水黄油拌匀。

2 加入糕仔粉拌匀、揉成团。

3 将内馅分成15个单个重量为16克的小团。

👨‍🍳 制作外皮与组合

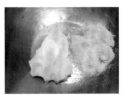

4 先放入材料A中的糖粉及酥油拌匀。

5 加入低筋面粉拌成团，静置20分钟。

6 将酥皮面团分成12个单个重量为16克的面团，按扁后包入内馅。

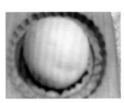

7 包好后搓成椭圆形。取木制小龟模，内部抹些手粉，将椭圆形生坯压入模内填满[1]。

8 正面及两侧轻轻振动，翻面平口朝下，向桌面敲一下[2]。取出后码入烤盘（表面不用涂蛋液）。

9 依次码入烤盘后，放入预热后的烤箱中层，以上火200℃、下火170℃烤20分钟，至表皮略微膨胀、螺旋分明时，用手轻压旁边表皮，如不塌陷即可取出。

糖清仔做法

∴ 材料

白砂糖100克、麦芽糖20克、水35克

👨‍🍳 做法

将所有材料放入锅中，用中火煮至糖溶化、放凉备用。

---

① 材料（或面团）成形后未经煎、蒸、煮、烤、炒、炸等程序之前，均称为"生坯"。
② 轻轻振动模具让凤片酥顺力而下置于桌面。

鹿港牛舌饼

鹿港牛舌饼的特色在于,外形短而厚,口感酥软,包有内馅。原先的制作材料很简单,但现代人为了追求口感而创造出许多配方,反而复杂了牛舌饼的制作过程。

三 分量

可做12个，每个60克（油皮20克、油酥10克、内馅30克）

∴材料

A 油皮

中筋面粉125克、糖粉15克、水55克、猪油45克

B 油酥

猪油40克、低筋面粉80克

C 内馅

酥油90克、麦芽糖80克、低筋面粉190克、盐3克

🍳 制作内馅

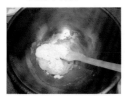

1 材料C中的低筋面粉放入电饭锅蒸熟，趁热过筛，放凉后倒入容器中备用。将麦芽糖与酥油倒入容器中先拌匀。

2 加入盐、低筋面粉拌成团，分割成13个单个重量为30克的馅料团。

🍳 制作外皮与组合

3 将材料A放入搅拌缸中，以钩状搅拌器拌成团。

4 静置20分钟，分割成若干个单个重量为20克的小面团。

5 材料B拌匀后，和成团，分割成若干个单个重量为10克的油酥团。

6 将油酥包入油皮中。压扁擀长卷起，再重复一次。

7 将卷好的油皮擀平。包入内馅、用手搓成椭圆形，略微压扁至厚度约1.5厘米①。

8 擀成椭圆形，放入烤盘，表面朝下。将烤箱调至上火180℃、下火200℃先预热。

9 放入烤箱下层先烤15分钟，等底部着色，即可翻面续烤10分钟。烤至两面呈金黄色，用手触摸旁边不凹陷、略有硬壳，即可取出②。

💬 吕师傅说故事

"牛舌饼"是台湾地区的民间茶点，无论下棋、闲聊都少不了它，非常受欢迎。因外形类似牛舌而得名。各区域有不同做法，可分为宜兰牛舌饼和鹿港牛舌饼。

---

① 为避免擀皮时油皮变形或走样，擀制时须先把油皮拍扁再将旁边拍薄，避免用擀面杖由中间向四周擀，或由四周向中间擀，这样容易变形，造成螺纹扩散或挤在一起，尽量用手掌由中间先压下，再慢慢拍往四周，到旁边时把边缘拍薄就可以包了。

② 也可先将平底锅烧热，将饼坯排入平底锅中煎至两面金黄即可取出。

宜兰牛舌饼

　　宜兰牛舌饼的特色在于：外形长而薄，口感脆硬。制作的材料很简单，咬一口就能尝到浓郁的蜂蜜香甜气与奶香，搭配多层次的酥脆外皮口感恰到好处！

☰ 分量

可做21个，每个20克（油皮10克、内馅10克）

∵ 材料

A 油皮
中筋面粉115克、糖粉10克、水55克、猪油30克

B 内馅
猪油40克、蜂蜜60克、奶粉20克、低筋面粉90克、盐3克

👨‍🍳 制作内馅

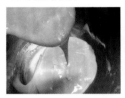

1 将材料B中的低筋面粉放入电饭锅蒸熟，趁热过筛、放凉后备用。将蜂蜜与猪油放入容器中拌匀。

2 加入盐、奶粉拌匀，再加入低筋面粉拌成团，取出后分割成若干个单个重量为10克的馅料团备用。

👨‍🍳 制作外皮与组合

3 将材料A放入搅拌缸中，以钩状搅拌器拌成团后静置20分钟。

4 将面团分割成若干个单个重量为10克的油皮。擀成椭圆形的片状。

5 包入内馅，用手搓成椭圆形。

6 擀成约0.1厘米厚的薄片，排入烤盘表面，在中间划线。

7 烤箱以上火180℃、下火160℃先预热，将饼坯放入烤箱烤12分钟。烤至呈金黄色，用手触摸略有硬壳即可取出①。

💬 吕师傅说故事

宜兰名产"牛舌饼"的名字还有这样的由来：婴儿出生满4个月，父母必遵古礼将此饼穿孔挂于婴儿胸前，并宴请来访亲友，借此保佑孩童此后聪明伶俐。自古延用至今而成为宜兰名饼，因其状似牛舌故名为牛舌饼。

---

① 若想牛舌饼的口感更加酥脆可在烤熟后再焖烤5分钟。

打狗牛舌饼

与传统牛舌饼相比，打狗牛舌饼外形较为特殊，大约只有8厘米长，有警诫世人不要搬弄是非之意。

分量

可做20个，每个30克（油皮10克、油酥5克、内馅15克）

材料

A 油皮

中筋面粉110克、糖粉10克、水50克、猪油30克

B 油酥

猪油32克、低筋面粉68克

C 内馅

酥油40克、麦芽糖70克、低筋面粉80克、盐3克、炼乳20克、奶粉30克、糕粉20克、糖粉40克

🍳 制作内馅

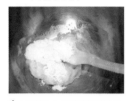

1 材料C中的低筋面粉放入电饭锅蒸熟，趁热过筛、放凉备用。将麦芽糖与酥油放入容器中拌匀。

2 加入盐、低筋面粉等其余材料C中的食材拌成团。

3 分割成若干个单个重量为15克的馅料团。

🍳 制作外皮与组合

4 将材料A放入搅拌缸中，以钩状搅拌器拌成团。取出静置20分钟，分割成若干个单个重量为10克的油皮坯。

5 材料B拌匀成油酥，分割成若干个单个重量为5克的油酥，将油皮包入油酥（油皮在外油酥在内）。

6 压扁、擀平、卷起，再重复一次。

7 将卷好的油皮擀成圆片，包入内馅，用手搓成椭圆形。

8 擀成厚度约1.5厘米的椭圆形，排入烤盘。

9 放入烤盘中，在表面划"一"字形。烤箱用上、下火先预热至160℃。

10 放入烤箱下层，以上火160℃、下火150℃烤20分钟。等底部着色，用手触摸旁边若不凹陷略有硬壳即可取出[1]。

---

[1] 也可将平底锅先烧热后将饼坯排入平底锅中，翻面煎至两面金黄即可取出。

云南牛舌饼

　　"牛舌饼"是台湾地区的民俗茶点，经常被作为伴手礼。它因外形类似牛舌而得名，各区域的做法也有所不同，上次到云南时，除了去研究云南三绝的做法外，还发现云南的牛舌饼跟台湾地区的做法也不一样，在好奇心的驱使下也买了几个回来尝试。

☰ 分量

可做12个，每个75克（油皮30克、油酥15克、内馅30克）

⦂ 材料

A 油皮

中筋面粉200克、糖粉10克、水100克、猪油60克

B 油酥

低筋面粉120克、花生油60克

C 内馅

糖粉50克、无水黄油30克、麦芽糖60克、奶粉30克、炼乳40克、低筋面粉150克、盐3克

🍳 制作内馅

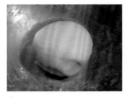

1 将材料C中的低筋面粉放入电饭锅蒸熟，趁热过筛、放凉备用。将糖粉、无水黄油先放入盆中打至发白。

2 加入麦芽糖、炼乳、盐拌匀，加入奶粉、低筋面粉拌成团。

3 取出后分割成若干个单个重量为30克的内馅团备用。

🍳 制作外皮与组合

4 材料A放入搅拌缸中，以钩状搅拌器拌成团后静置20分钟。

5 将油皮分割成若干个单个重量为30克的油皮坯，揉圆。

6 材料B拌匀成油酥，分割成若干个单个重量为15克的油酥团，将油酥包入油皮中。

7 压扁、擀平后卷成卷，再重复一次。擀成薄片后，包入内馅用手搓成椭圆形，压成厚度约1.5厘米的饼坯，放入椭圆形的模具中压成形。

8 将烤箱预热。盖上红印章，放入烤盘。

9 以上火160℃、下火150℃先烤15分钟，烤至上表面略微膨胀即可翻面续烤10分钟，用手触摸牛舌饼两侧时不凹陷且略有硬壳，即可取出。

云南老婆饼

老婆饼在各地区做法都有所不同，云南的老婆饼虽与其他地区的用料相似，外形却完全不一样，不过吃起来还是十分美味。

☰ 分量

可做12个，每个75克（油皮30克、油酥15克、内馅30克）

∵ 材料

A 油皮

中筋面粉200克、糖粉10克、水100克、猪油60克

B 油酥

低筋面粉120克、花生油60克

C 内馅

糖粉50克、猪油30克、冬瓜20克、白肉30克、鸡蛋1个（约60克）、低筋面粉170克、盐3克

🍳 制作内馅

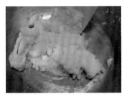

1 将材料C中的低筋面粉放入电饭锅中蒸熟，趁热过筛、放凉备用。将冬瓜切细丁、白肉切丁后与糖粉拌匀。

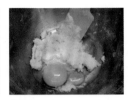

2 取一容器，放入猪油，加入裹有糖粉的冬瓜、白肉丁，拌匀后，再加入盐、鸡蛋拌匀。

3 加入低筋面粉拌成团。

🍳 制作外皮与组合

4 分割成若干个单个重量为30克的内馅团。

5 将材料A放入搅拌缸中，以钩状搅拌器拌成团后，静置20分钟。

6 分割成若干个单个重量为30克的小面团，揉圆。

7 将材料B拌匀，分割成若干个单个重量为15克的油酥团，将油酥包入油皮中。压扁、擀平、卷起，再重复一次。

8 将卷好的油皮擀成圆薄片，包入内馅后用手搓成椭圆形，压成厚约1.5厘米的饼坯，放入椭圆形模具中按压成形。

9 盖上红印章后放在烤盘上。将烤箱预热至160℃。以上火160℃、下火150℃先烤15分钟，等表面略微膨胀即可翻面续烤10分钟。用手触摸饼坯两侧，若不凹陷、略有硬壳即可取出[1]。

---

[1] 翻面是为了使食材着色均匀。

老婆饼

外皮油亮、光滑的老婆饼,包裹着咸香、甜而不腻的白肉冬瓜内馅,是一道无论大人、小孩都会着迷的点心。

☰ 分量

可做10个,每个61克(油皮21克、油酥10克、内馅30克)

⁖ 材料

A 油皮

中筋面粉112克、糖粉10克、水58克、猪油30克

B 油酥

低筋面粉10克、花生油33克

C 内馅

糖粉50克、猪油30克、冬瓜20克、水20克、白肉30克、低筋面粉150克、盐3克

🧑‍🍳 制作内馅

1 将材料C中的低筋面粉放入电饭锅蒸熟，趁热过筛、放凉备用。将冬瓜先切细丁。将白肉切丁后与糖粉拌匀。将猪油放入不锈钢盆中，加入冬瓜、白肉丁拌匀，再加入盐、水拌匀。

2 加入低筋面粉拌成团。

3 将内馅分割成若干个单个重量为30克的馅团。

🧑‍🍳 制作外皮与组合

4 材料A放入搅拌缸中，以钩状搅拌器拌成团，静置20分钟。

5 将面团分成若干个单个重量为21克的面团坯。

6 将材料B拌匀成油酥，分割成若干个单个重量为10克的油酥馅。将油酥包入油皮中。

7 压扁、擀长、卷起后，再重复一次。

8 将卷好的油皮擀成片状，将内馅包入油皮中，用手搓成圆形。

9 略微压扁成厚度约为1.5厘米的饼坯。

10 放入圆形模具中，按压，放入烤盘，在表面先涂一层蛋黄液。略干后再涂一层蛋黄液。

11 放入烤箱烤3分钟。待表皮干燥后取出，用叉子戳洞。放入预热后的烤箱上层，以上、下火180℃烤15分钟，等上层略膨起即可翻面续烤10分钟。烤至金黄色，用手触摸旁边若不凹陷、略有硬壳，即可取出[1]。

💬 吕师傅说故事

从前有一对贫穷的夫妇，由于家中老父病重无钱医治，媳妇只好卖身，替老父治病。妻子的丈夫研发出一道道奇特的饼，终于成功赚钱赎回了妻子，重新过着幸福美满的生活。这道美食被流传开来后，便被称为老婆饼。老婆饼最吸引人的地方，就在于温馨的名字，与背后那段感人的传说。

---

[1] 将表面略微烘干才不会黏住叉子，影响老婆饼的外观。

老公饼

椭圆形的老公饼，外皮酥香，内里微咸，品尝时感觉就像咀嚼酥糖，但并不甜腻。

分量

可做10个，每个60克（油皮20克、油酥10克、内馅30克）

材料

A 油皮

中筋面粉112克、糖粉10克、水58克、猪油30克

B 油酥

低筋面粉70克、猪油33克

C 内馅

糖粉40克、酥油30克、麦芽糖70克、糕仔粉20克、蒜末30克、低筋面粉90克、花生粉20克、盐3克

👨‍🍳 制作内馅

1 将材料C中的低筋面粉放入电饭锅中蒸熟，趁热过筛、放凉备用。内馅材料先备齐待用。

2 将酥油与糖粉在不锈钢盆中拌匀。

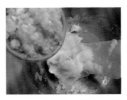

3 加入麦芽糖、蒜末，拌匀后加入盐、花生粉拌匀。

4 加入糕仔粉、低筋面粉拌成团。

👨‍🍳 制作外皮与组合

5 分割成若干个单个重量为30克的内馅团备用。

6 将材料A放入搅拌缸中，用钩状搅拌器拌成团。取出后静置20分钟。将油皮分成若干个单个重量为20克的油皮坯。将材料B拌匀、分割成若干个单个重量为10克的油酥，将油酥包入油皮中。

7 压扁、擀平、卷起，然后再重复一次。

8 将卷好的油皮擀成薄片状，包入内馅，用手搓成椭圆形，压成厚度约为1.5厘米的饼坯后，擀成椭圆形。

9 放入烤盘表面，先涂一层蛋黄液，略干后再涂一层蛋黄液。在表面中间划"一"字线，用叉子扎小孔后撒上适量白芝麻。

10 烤箱以上火180℃、下火160℃预热。放入烤箱先烤15分钟，等上面略微膨胀，即可翻面续烤10分钟[1]。烤至金黄色，用手触摸旁边若不凹陷略有硬壳，即可取出。

💬 吕师傅说故事

相传老公饼是朱元璋的妻子马氏所发明，其内馅之前是用松肉、蒜蓉、椒盐和蛋黄做成，略带咸、甜的口味。而另一种传说是阿公喜欢吃花生和蒜，因此改成现在的内馅。

---

[1] 翻面是为了使食材着色均匀。

第二章

酥点

品尝酥脆的南瓜玉米煎饼时，绵密的内馅化在嘴里那一刻，爽口又美味。

外酥内软的芋香椰枣、清脆酸甜的柠檬脆糖卷，美味多样的酥点让人爱不释手。

跟着师傅详细、易懂的做法，还能学做香味扑鼻的石头饼，享受亲自做点心的乐趣。

马铃薯酥皮煎饼

这道马铃薯酥皮煎饼是由油皮酥变化而来，也是卷酥的一种，打破传统油皮的包法，将它分为两面，以上、下夹层包裹马铃薯馅，并用干烙的方式让油皮更酥脆。

分量

可做21个,每个56克(油皮16克、油酥10克、内馅30克)

材料

A 油皮

中筋面粉180克、猪油66克、糖粉20克、60℃温水70克

B 油酥

低筋面粉145克、猪油70克

C 内馅

马铃薯320克(去皮后剩300克)、小葱100克、洋葱180克(炒熟后剩130克)、猪肉馅100克、黑胡椒粉3克、盐5克、味精10克

制作内馅

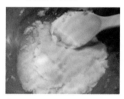

1 将马铃薯洗净、去皮、切丁后,蒸热后趁热捣成泥。

2 小葱洗净、切丁,洋葱去皮、洗净、切丁,放入锅中,加少许猪油或色拉油(材料外),加入盐、味精,炒至出水、收汁,放凉后与马铃薯泥拌至黏稠状,再加入猪肉馅、黑胡椒粉拌匀。

制作外皮与组合

3 将材料A的中筋面粉、猪油、糖粉放入盆中,加入温水拌至光滑,静置20分钟后,分割成若干个单个重量为16克的小面团。材料B拌匀后,分割成若干个单个重量为10克的油酥。

4 将油酥包入油皮中。

5 压扁、擀平后折3折。

6 换边再次擀平。

7 对折成长条形后卷成圆筒状。

8 对切成两半,切面朝下。擀成直径约为8厘米的圆形至全部擀完[1]。

9 先取一张油皮。切面朝上涂上30克内馅,再盖上另一张。重复动作至全部做完。

10 取一直径为7厘米的圆形模具,将每个包好的酥皮都压成圆形。

11 平底锅用小火加热,放入酥饼盖上锅盖,至底部呈金黄色时翻面,再盖上锅盖。煎至两面都呈金黄色时即可取出。

Tips

煎饼时,平底锅不要放油干烙即可,一定要盖上锅盖四周才会熟,注意时间不能太久否则会爆馅。

[1] 此做法为双酥擀法,对切的双酥使用三折法表面才会宽,单酥则用卷法即可。

南瓜玉米煎饼

　　这道饼的做法是将饼皮分为两面，煎好后再包住内馅，并用干烙的方式让饼皮更柔软，趁热食用口感较为酥脆，冷却后食用口感较柔软。

☰ 分量

可做20个，每个45克（需要2张外皮共约15克、内馅30克）

⁖材料

A 外皮

高筋面粉30克、杏仁粉10克（无糖）、奶粉10克、水120克、马铃薯粉20克、色拉油10克、鸡蛋2个（约120克，去壳后剩104克）

B 内馅

南瓜330克（去皮后剩300克）、白砂糖50克、马铃薯粉50克、玉米粒200克

🍳 制作内馅

1 将南瓜洗净、去皮、切丁后，放入蒸锅中蒸热。

2 趁热捣成泥。

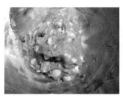

3 将南瓜泥放入钢盆中加入白砂糖煮至收汁，加入马铃薯粉拌匀，再加入玉米粒搅至浓稠、放凉备用。

🍳 制作外皮与组合

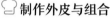
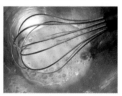

4 材料A的高筋面粉、杏仁粉、奶粉、马铃薯粉混合过筛备用。将鸡蛋放入盆中打散，加入水拌匀，再加入色拉油。

5 加入步骤4过筛后的粉类拌成浆，静置60分钟。

6 平底锅用小火加热，舀入一汤匙浆（约7克），抹平至呈薄圆形，再舀入另一勺。至底部煎熟后翻面，略煎一下即可取出。

7 全部煎完后，取一直径为7厘米的圆形模具，将每张饼皮都压成圆形。

8 先取一张饼皮，涂上30克馅料。

9 再盖上另一张。将平底锅用小火加热。

10 放入南瓜玉米饼，煎至两面金黄即可取出[①]。

💡 Tips

> 建议趁热食用，外酥内软。

[①] 煎饼时平底锅不要放油，注意不能煎太长时间否则会爆馅。

芋香椰枣

此道点心的口感胜过芋枣与红薯枣，因为里面多加了椰子馅，无论冷、热食用均好吃。

☰ 分量

可做20份，每个29克（外皮17克、内馅12克）

∵ 材料

A 外皮

芋头250克（去皮、洗净、切丁后剩230克）、猪油24克、糖粉6克、盐2克、黑胡椒粉3克、味精5克、澄粉70克

B 内馅（椰子馅）

鸡蛋1个、盐2克、糖粉35克、奶粉30克、黄油30克、椰子粉90克

👨‍🍳 制作内馅

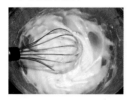
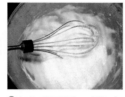
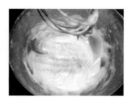

1 盆中先放入黄油与糖粉搅拌至发白。

2 加入鸡蛋拌匀，再加入盐、奶粉拌成糊状。

3 加入椰子粉拌匀即成内馅。

👨‍🍳 制作外皮与组合

4 将芋头去皮后洗净、切丁，蒸熟，加入猪油趁热捣碎①②。

5 加入糖粉、盐、黑胡椒粉、味精拌匀。加入澄粉，拌成团揉至光滑。盖上保鲜膜静置20分钟后，分割成若干个单个重量为17克的面团、搓圆。

6 取一个小面团，擀薄后包入12克内馅。

7 将收口捏紧以防爆馅。

8 搓成椭圆形的枣状。

9 放入180℃热油锅中炸至金黄，即可捞起③。

💡 Tips

趁热食用外酥内软，冷后柔软嫩滑，各有风味，可依喜好食用。

① 较轻的槟榔芋较为好吃。
② 制作外皮时若不加猪油会变得很稠。
③ 炸时油温可以高些，因为芋头已熟，只需炸至表面金黄即可，注意不能炸太久否则会爆馅。

南瓜果

    南瓜果的皮由糯米粉与马铃薯粉混合而成，表皮较光滑，若要粘上完整的杏仁片，将南瓜果坯浸入水中时，一定要揉出黏性，否则杏仁片容易脱落。

☰ 分量

可做10个，每个45克（外皮30克、内馅15克）

∵ 材料

A 外皮

南瓜180克（去皮后剩160克）、糯米粉100克、马铃薯粉40克

B 内馅（奶油杏仁馅）

白砂糖25克、玉米粉5克、低筋面粉15克、杏仁粉5克（无糖）、黄油10克、水90克

C 装饰

杏仁片40克

👨‍🍳 制作内馅

1 将白砂糖、低筋面粉、玉米粉、杏仁粉拌匀后，加入水和黄油，用隔水加热法加热并拌至浓稠，即可起锅放凉备用，分割成若干个单个重量为15克的馅料团。将南瓜洗净、去皮、切丁。

👨‍🍳 制作外皮与组合

2 将南瓜蒸热后趁热捣成泥。

3 南瓜泥放入钢盆中，加入糯米粉、马铃薯粉，拌匀后倒入蒸盘，放入锅中蒸熟，取出，放凉后冷藏20分钟。桌面撒些糯米粉，取出冷藏的面团揉至光滑①。

4 揉成长条状，切成若干个单个重量为30克的小面团。

5 将面皮擀薄、擀圆。

6 每个外皮包入15克的内馅。

7 将缩口捏紧以防爆馅。

8 双手合掌搓成圆锥形。

9 浸入水中至产生黏性。

10 捞出后整粒蘸满杏仁片②。

11 锅中放入色拉油加热至160℃。

12 放入粘满杏仁片的南瓜果，炸至两面金黄（约3分钟左右），即可取出③。

① 将面团揉至光滑，能增加成品的柔软度、还可使口感更加筋道。
② 浸入水中时，一定要揉出黏性，否则杏仁片容易脱落。
③ 油炸时间不能太久否则会爆馅。趁热食用，外酥内软。

花生石头饼

　　石头饼是流行于山西、陕西地区的一种传统名点，具有抗衰老、软化血管、防癌、健脑、养肝、美容护肤的功效，口感咸香、薄而酥脆，易消化。

≡ **分量**

可做6个，每个90克

∴ **材料**

低筋面粉100克、中筋面粉200克、糖粉30克、花生油15克、花生粉30克、水165克、盐3克

🍳 **做法**

1 石头先用水清洗干净后用大火烘干①。将中、低筋面粉放入锅中，炒至微黄、有面粉香味飘出，趁热过筛①。

2 将花生粉放入锅中炒出香味（不用过筛）。

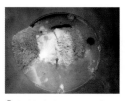

3 将其余食材放入容器中，用钩状拌打器慢速拌匀。

4 加入炒熟的面粉及花生粉，再次拌匀，揉成面团，取出静置10分钟。

5 将面团分割成若干个单个重量为90克的小面团，搓圆再静置10分钟。

6 用擀面杖擀成直径约为24厘米的面片②。

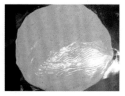

7 再用单张保鲜膜覆盖③。

8 将石头以大火预热20分钟，转中火。

9 放入石头饼。

10 盖上锅盖烘烤5分钟让石头饼受热均匀。

11 翻面再烘烤2分钟④。

① 石头导热很慢，会影响烘烤时间，挑选时不宜选择较厚、较大的石头。最好能用平底锅加热，将石头平放成一排即可。

② 石头饼擀得越薄就会越脆。

③ 覆盖后，可冷冻保存，食用时再用平底锅来煎。

④ 也可在平底锅内放上烤肉架式蒸盘，让石头饼直接受热，可缩短烘烤所需时间。

芝麻石头饼

　　将谷物直接放在热石上炙熟的古老烹调法，是利用石块传热慢、散热也慢、布热均匀的特点来控制火候，一直为后人所沿用，也仍在汾阳市广泛流行。

☰ 分量
可做8个，每个72克

⸬ 材料
低筋面粉100克、中筋面粉200克、糖粉30克、香油23克、芝麻粉50克、水170克、盐3克

🍳 做法

1 将石头清净后用大火烘干。将中、低筋面粉放入锅中，炒至微黄至有面粉香味飘出，趁热过筛。

2 将芝麻粉放入锅中炒出香味（不用过筛）。

3 将其余材料备齐、放入缸中，用钩状搅拌器慢速拌匀。

4 加入炒熟的面粉及芝麻粉再次拌匀。

5 揉成面团后，取出静置10分钟。

6 分割成若干个单个重量为72克的小面团。

7 搓圆后再静置10分钟。

8 用擀面杖擀成直径约为24厘米的圆片状①。

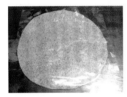

9 用保鲜膜将饼坯包起②。

10 石头以大火预热20分钟后，转中火。

11 将饼坯放在石头上加热。

12 盖上锅盖烘烤5分钟让饼坯受热均匀。

13 翻面再烘烤2分钟③。

---

① 饼坯擀得越薄石头饼就会越脆。
② 用保鲜膜将饼坯包起后可将饼坯放入冰箱冷冻，食用时用平底锅煎熟即可。
③ 也可将饼放在放入平底锅内的烤肉架上让石头饼直接受热，烘烤速度也会变快。

菠萝脆饼

　　由菠萝面包皮变化而来，但制作时不能放太多油，不能将饼干做得像脆皮泡芙皮般酥脆，否则均会影响外观，所以它是一道可以作为零食的脆饼。

☰ 分量

可做24个，每个20克、直
径约为4厘米

⁖ 材料

A 材料

低筋面粉250克、无盐黄
油80克、鸡蛋1个、糖粉
100克

B 装饰

珍珠糖100克、蛋液（1个）

🍳 做法

1 将无盐黄油与糖粉先
拌匀①。

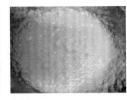

2 拌匀后加入鸡蛋拌成
糊状。

3 加入低筋面粉搅匀、拌
成团。

4 将面团揉成长条状（直
径约4厘米，可做2根）。

5 用保鲜膜裹好后放入冰
箱冷藏1～2小时。

6 变硬后取出，刷上蛋
液，蘸上珍珠糖后，再冷
藏10～20分钟比较好切。

7 取出面团，切割成若干
个0.6厘米厚、约20克重
的圆饼②。

8 将烤箱预热至200℃。
将饼坯放入烤盘。

9 以上、下火200℃烤约
15分至金黄色即可出炉。
放凉后放入罐中随时享用。

---

① 将黄油与糖粉拌匀即可，无需打发否则烤时会裂开。

② 饼坯不宜切得过厚否则会不脆，皮的软硬度和凤梨酥相似。

八爪章鱼酥

  这道点心的做法和所用食材与馓子相似，如果用其他食材，均无法使成品呈现出章鱼爪的小泡泡般的视觉效果。

  酥脆可口，更适合作为亲子活动时的油炸面食。

分量

可做10个，每个约40克

材料

中筋面粉200克、糯米粉
50克、盐2克、糖粉15克、
色拉油30克、水115克

做法

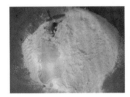

1 先将糯米粉、中筋面
粉、糖粉、盐、色拉油拌
成湿粉状。

2 加入水混合拌成团，静
置10分钟。

3 将面团分割为若干个
单个重量为40克的小面
团，搓圆，静置5分钟。

4 取一面团，从三分之
二处捏一下，捏好后放于
桌上。

5 将面团底部按扁，捏成
帽子的形状。

6 先按照相等的距离在
底部划4刀，再从中间划
4刀，共8刀。

7 将每块用两手搓成长条。

8 再搓细、拉长，至如同
筷子般粗细[1]。

9 油锅倒入7分满的色拉
油（材料外），以中火烧
至150℃，转小火保温。
炸之前先用漏勺将八爪鱼
坯铲起。

Tips

章鱼头也可加入黑、白豆
沙或其他内馅以增加风
味，其比例为3∶1，即30
克面团需包入馅料10克。

10 放入油锅中用炸。

11 当底部略微着色时
翻面。

12 当两面都呈金黄色
时，即可捞出控油。

[1] 注意每条爪子厚度须一致，才会酥脆。

可可脆卷

　　这道如同脆笛酥般的可可脆卷，制作要领是面糊不能使用太多，否则会造成面皮过大而影响操作，若面皮太厚也会导致口感不酥脆。

☰ 分量

大约可做30个，每个10克

⋮ 材料

鸡蛋2个、糖粉60克、牛奶120毫升、低筋面粉100克、酥油60克、可可粉（调色）3克

👨‍🍳 做法

1 在打发盆中先放入糖粉及酥油，打发、拌匀至发白。

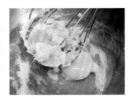

2 先加入1个鸡蛋，拌匀后再放入另1个鸡蛋[1]。

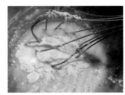

3 筛入低筋面粉拌成糊状。

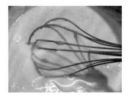

4 倒入牛奶，拌成浆状后静置20分钟即为牛奶面糊。

5 取60克面糊加入3克可可粉拌匀后，先装入三角袋中备用。

6 蛋卷模具先用小火预热。

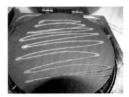

7 先在上面划"N"字形可可线条。

8 舀入一汤匙牛奶面糊淋在线条上，合上模具焖煎30秒[2]。

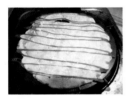

9 略上色后翻面再焖煎10秒，待双面着色且变为金黄色时即可取出。

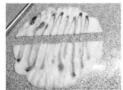

10 切成两半。

11 用直径约为0.5厘米的细白铁管趁热卷起[3]。

12 放凉后即可食用或以可封口塑料袋装好后密封。

---

[1] 分次加入鸡蛋是为了要避免出现油水分离的情况。

[2] 要用蛋卷模制作口感才会酥脆，面糊抹得越薄口感越酥脆，故不宜用平底锅煎，否则会因为太厚而容易回软。

[3] 面皮切成两半后再卷成品才不会太粗；趁热卷成小卷可以避免变形，冷却、变脆后会不易卷起。

椰子脆卷

制作椰子脆卷时建议使用蛋卷模来焖煎，这样才能品尝到酥脆的口感与浓浓的椰子香。

≡ 分量

大约可做36个，每个约
12克

•: 材料

糖粉25克、鸡蛋2个、椰
子粉50克、奶粉10克、糯
米粉30克、黏米粉50克、
黄油50克、牛奶150毫升

🔲 做法

1 将椰子粉、奶粉、牛奶
先放入果汁机绞成糊状。

2 将糖粉及黄油放入不
锈钢容器中，先打发至
发白。

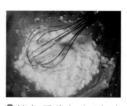

3 拌匀后先加入1个鸡
蛋，再次拌匀避免油水
分离。

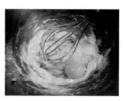

4 打入另1个鸡蛋，加入
步骤1的混合物拌匀。

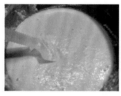

5 加入糯米粉、黏米粉拌
成糊状，拌匀后静置20
分钟。

6 蛋卷模具先用小火
预热。

7 舀入一汤匙面糊，淋在
模具上，合上模具盖焖煎
30秒。

8 略上色后翻面焖煎10
秒，待双面变成金黄色后
即可取出[①]。

9 取出后用直径为0.5厘
米的细白铁管趁热卷起[②]。

10 放凉后即可食用或以
封口塑料袋密封。

---

① 使用蛋卷模制作才会酥脆，越薄越酥脆，故不宜用平底锅，煎太厚容易回软。
② 趁热卷成小卷避免变形，若让蛋卷稍冷、变脆后再卷会不容易卷成卷。

柠檬脆糖卷

　　糖也能像蛋卷一样变成脆卷，其奥妙在于糖在烘烤过程中会自然流动，变成薄糖，此时可趁热卷起。糖经熬煮后减少一些甜分而不会过于甜，再加入柠檬汁，味道也会更加顺滑。

≡ 分量
可做14个，每个15克

·᛫材料
白砂糖40克、柠檬2个、柠檬汁20毫升、糖粉50克、无水黄油30克、柠檬皮10克（选用）、低筋面粉60克

👨‍🍳 做法

1 取半个柠檬刨丝，剩下的榨成汁。

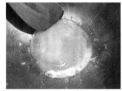

2 将白砂糖与柠檬汁煮沸至变得浓稠①。

3 放入糖粉拌成糊状糖浆（糖粉要分2次放入，边放边搅拌）②。

4 加入无水黄油、柠檬皮，加入低筋面粉和成糊状倒置于桌上③。

5 用手揉至光滑④。

6 分割成若干个单个重量为15克的小面团。

7 搓成圆形。将烤箱预热至200℃⑤。

8 放入烤盘。以上火200℃、下火160℃烤20分钟。

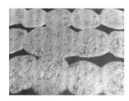

9 烘烤过程中，面团会慢慢流平成薄片，待变得图示状且变成赤色即可取出⑥。

10 趁热用白铁棍将薄片卷起，放凉即可包装⑦⑧。

---

① 柠檬汁可预防糖浆反砂，避免影响糖的质量。

② 放入糖粉时搅拌会略吃力，分2次加入可避免结粒。

③ 柠檬皮有苦味，可选用；如使用木质桌面需先在桌表面擦油。

④ 面团揉至光滑，能增柔软度，也会使口感更好。

⑤ 若想做成0.1厘米厚的薄片，可将圆形压扁后放入烤盘。

⑥ 趁赤色（金黄色）时即取出，变深黄色会苦。

⑦ 选用的白铁棍应选直径为1厘米左右，这样可使薄片更小巧，太粗只能卷一圈影响成品美观度。

⑧ 如果来不及卷完饼片就变凉或变硬，可放入烤箱以上、下火各100℃保温。

柳橙脆糖卷

添加柳橙汁可给脆糖增添更多风味，甜度适中的酥脆口感，让人不禁一口接着一口。

☰ 分量

可做15个，每个约15克

·:· 材料

白砂糖40克、柳橙1个（能榨出40~50克柳橙汁）、糖粉50克、无水黄油25克、橘皮10克（选用）、低筋面粉60克

👨‍🍳 做法

1 将柳橙洗净、榨汁，将果汁全部倒入锅里①。

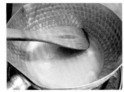

2 加入白砂糖煮沸至温度升至114℃且变得浓稠。

3 分2次倒入糖粉拌成糊状糖浆，边倒入边搅拌②。

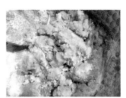

4 加入无水黄油、橘皮屑③。

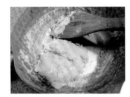

5 加入低筋面粉拌成糊状倒置于桌上④。

6 将面团揉至光滑⑤。

7 分割成若干个单个重量为15克的小面团，先搓成圆形⑥。

8 烤箱先以上、下火各180℃预热10分钟。放入烤盘以上火180℃、下火160℃烤20分钟。

9 烘烤过程，面团会慢慢流平成薄片，待变成赤色即可取出⑦。

10 趁热用白铁棍将薄片卷起，放凉即可包装⑧⑨。

---

① 加入柳橙汁可增加脆糖风味。

② 放入糖粉时搅拌需稍微用力；分2次放可避免结粒。

③ 橘皮有苦味，可选用。

④ 如使用木桌面要先擦油。

⑤ 面团揉至光滑，能增柔软度、并能使口感更加筋道。

⑥ 若想做成0.1厘米厚的薄片，可将小面团压扁放于烤盘。

⑦ 薄片变成赤色（金黄色）即可取出，若变成深黄色会发苦。

⑧ 选用直径为1厘米的白铁棍能让成品层数更多，太粗的白铁棍只能卷一圈影响成品美观度。

⑨ 如果来不及卷完就变凉或变硬，可放入烤箱以上、下火各100℃保温。

第三章

糕点

入口即化、松软绵密的糕点，有着诱人的吸引力，
不论是内馅满溢的流沙软糕、奶油炸糕、香喷喷的黑芝麻软糕，
或是咸香的烫面炸糕、熟悉的萝卜糕，
只要品尝一口怀旧的好滋味，就能获得满满的幸福能量。

黑芝麻软糕

　　大口咬下造型如同象棋般的黑芝麻软糕，口感松绵、满溢香气，是一道健康又美味的点心。

☰ 分量

可做16个，每个约25克

⋮ 材料

A 材料
白芝麻40克、黑芝麻120克、糯米粉60克

B 材料
水40克、麦芽糖60克、盐2克、香油10克

C 材料
桂圆蜂蜜80克

👨‍🍳 做法

1 平底锅加热，放入白芝麻，以小火炒至金黄即可盛出[1]。

2 将黑芝麻倒入同一口锅中，将黑芝麻炒出香味后盛出[2]。

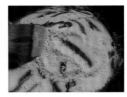

3 倒入糯米粉炒至香味溢出后盛出。

4 将黑芝麻放入调理机中，打成黑芝麻粉。

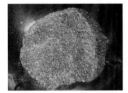

5 倒入白芝麻与糯米粉，拌匀。

6 将材料B中的食材倒入锅中，以隔水加热方式煮至溶化[3]。

7 向桂圆蜂蜜中倒入步骤5的粉类拌成团。

8 拌匀后倒在桌面上。

9 舀入模具中、压平。

10 倒扣于桌面，冷却后即可包装。

---

[1] 使用不粘锅炒，效果更佳。

[2] 若要分辨黑芝麻是否炒熟，可同时放一些白芝麻，炒至白芝麻变金黄即可一并盛出。

[3] 香油可增加香味，不宜使用过多否则会渗油；因材料B量少，直接加热会烧焦，宜用隔水加热方式煮至溶化。

烫面炸糕

为老北京特色小吃，质地软嫩、外皮酥脆、甜而不腻、有玫瑰香味。

分量

可做10个，每个53克（外皮35克、内馅16克）

材料

A 外皮

中筋面粉135克、水200克、色拉油10克、白糖10克

B 内馅

玫瑰酱20克、奶粉15克、红糖70克（过筛后剩62克）、芝麻粉15克、花生粉50克

制作内馅

1 烤箱预热至180℃，放入芝麻粉、花生粉烤10分钟让香气逸出。

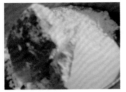

2 将玫瑰酱、植物油拌匀加入过筛的红糖，放入盆中。加入芝麻粉、花生粉拌匀。

3 加入奶粉做成玫瑰内馅后，搓成若干个单个重量为16克的内馅团。

制作外皮与组合

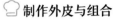

4 将材料A中的色拉油和白糖放入150克水中煮沸。

5 加入中筋面粉翻拌。

6 加入剩余50克水揉成团①。

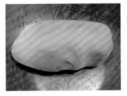

7 将面团揉成长条状。

8 分割成10个小面团，搓圆。

9 擀匀，包入内馅。

10 团成椭圆形。

11 油锅烧至160℃，放入生坯②。可先放一个测试油温，炸至微黄翻面，再炸至两面金黄后取出③。

12 将炸糕捞出后，放在吸油纸上吸干油分，再取出。

① 加入适量水会使面团更柔软。

② 材料或面团成形后未经煎、蒸、煮、烤、炒、炸等程序之前均称为生坯。

③ 炸的时间不宜过长否则馅料会爆出。

死面蒸糕

这道风味小点，用没有经过没有发酵的面团做成，口感比荷叶饼还有嚼劲。

分量

可做10个，每个70克（外皮30克、内馅40克）

材料

A 外皮

中筋面粉150克、猪油25克、开水60克、冷水40克、盐2克、死面30克

B 内馅

马铃薯230克、胡萝卜100克、韭菜80克、小葱30克、盐3克、味精6克

🎩 制作内馅

1 将马铃薯去皮、切丁后蒸熟，趁热捣成泥，加入盐和味精拌匀。

2 将小葱、韭菜洗净后切段，胡萝卜去皮、洗净，取一些切薄片用模具切出造型备用，其余切丁。

3 将葱末、胡萝卜丁加入马铃薯泥中，拌成内馅备用。

🎩 制作外皮与组合

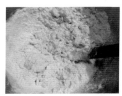

4 将材料A中的死面先撕成6小块和冷水一起泡软。另取一容器倒入中筋面粉、猪油、盐，倒入适量开水。

5 拌成雪花状后，加入冷水和步骤4中的死面泡软液①。

6 揉成光滑的面团后，并盖上塑料袋醒发20分钟。

7 将面团擀成0.2厘米薄的长方形面皮。

8 抹上内馅。

9 卷成圆筒形，略压扁。

10 切成3厘米宽的段，在表面擦适量水，贴上用模具切出的胡萝卜片。

11 放入蒸锅中以中火蒸15分钟，取即可摆盘食用②。

---

① 因为死面皮比较硬，需事先泡软才能与其他材料和匀，连同水一起称为"泡软液"。
② 放凉后口感柔软、筋道，适合老人、小孩食用。

什锦蔬菜糕

此道糕点为透明糕体，口感软嫩，老少咸宜，冷藏后食用口感更佳。

☰ 分量

1整份尺寸为16厘米×8厘米×2厘米，可切12块

∴ 材料

3色蔬菜（胡萝卜、玉米粒、青豆）共70克、白砂糖60克、水510克、片栗粉110克

☺ 做法

1 将3色蔬菜洗净备用。

2 锅中加入白砂糖、350克水，煮沸后，加入蔬菜丁。

3 将片栗粉、160克水倒入钢盆中拌成浆。

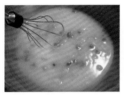

4 将步骤2的混合物，倒入钢盆中拌成糊状。

5 取一容器（尺寸为16厘米×8厘米×2厘米），在底部垫PP耐热塑料纸①。

6 缓缓倒入步骤4的混合物，盖上保鲜膜后放入蒸锅以中火蒸20分钟②。

7 取出放凉后，翻面撕去耐热纸③。

8 用刀切成6厘米×4厘米×2厘米的方块，切后即可食用，用8厘米×6厘米的单张塑料纸包成方形④。

---

① 也可以在容器内部周围抹油或在底下垫烘焙纸，以防粘黏，也较易脱模。
② 若是使用家用燃气灶需用大火蒸。
③ 糕体要完全冷却后，才容易脱模。
④ 什锦蔬菜糕体有点黏，切时在刀口涂适量油才不会黏刀。

流沙软糕

烤好后的软糕切开会满溢金黄色的流沙，外软内滑的可口滋味需趁热品尝。

☰ 分量

可做16个，每个30克（外皮15克、内馅15克）

⋰材料

A 外皮
糯米粉130克、水85克、白砂糖15克、猪油10克

B 内馅
白砂糖60克、金黄奶酪粉10克、酥油60克、马铃薯粉100克、鲜奶10克、盐3克

C 装饰
细金黄面包粉20克

👨‍🍳 制作内馅

1 将材料B中的所有食材拌成团。

2 分割成若干个单个重量为15克的内馅团，搓圆后放入冰箱冷冻30分钟。

👨‍🍳 制作外皮与组合

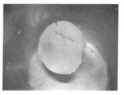

3 取一不锈钢盆，加水500毫升（材料外）煮沸。将材料A放入另一钢盆后拌成团。将面团取50克压扁，放入滚水中煮至浮起。

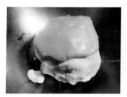

4 将煮过的面团取出后，放入剩余的190克面团中拌匀。

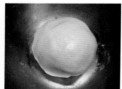

5 揉至光滑备用①。

6 将面团分割成若干个单个重量为15克的面皮，压扁、擀圆、擀薄成外皮，包入冷冻的内馅。

7 缩口捏紧以防爆馅，双手合掌搓成圆锥形，放入模型中压扁、压满。

8 将细金黄面包粉用细网过筛（取细屑）。将步骤7的混合物表面水分擦干，整颗蘸满金黄面屑后放入烤盘②。

9 烤箱以上火180℃、下火200℃，预热10分钟。放入底层先烤12分钟至底部着色后翻面，再翻面续烤5分钟，烤至两面金黄即可取出③。

---

① 面团揉至光滑，能使口感变得柔软、筋道。
② 擦干表面水分时要多擦一会儿让面团产生黏性，否则面包屑容易脱落。
③ 翻面是为了使食材着色均匀。

💡Tips

烘烤时间不能太久否则会爆馅。

脆皮流沙球

此道为港、澳有名的点心，盛行于茶楼，也是食客们最喜欢食用的点心之一。掰开刚出炉的脆皮流沙球，蛋黄的香味随之溢出，外软内滑，需趁热品尝。

分量

可做15个，每个50克（外皮30克、内馅20克）

材料

A 外皮
芋头250克、糯米粉50克、澄粉30克、细砂糖40克、猪油80克

B 内馅（流沙馅）
咸蛋黄100克、细砂糖80克、酥油90克、奶粉20克、金黄吉士粉10克

C 炸料
色拉油适量
D 装饰
面包屑30克

制作内馅

1 将咸蛋黄蒸熟，用刮板压成粉状，加入奶粉、金黄吉士粉、酥油、细砂糖一起拌匀备用。

2 将流沙馅分割成若干个单个重量为20克的馅料团，放入冰箱冷冻30分钟。

制作外皮与组合

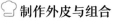

3 芋头去皮、洗净、切块。

4 放入蒸笼蒸熟，趁热压碎、过筛。

5 加入细砂糖、糯米粉、澄粉拌匀，加入猪油揉至光滑①。

6 将面团分割成若干个单个重量为15克的馅料团，压扁、擀圆、擀薄做成外皮。取出冷冻的内馅包入外皮中，缩口捏紧以防爆馅流汁，双手合掌搓成圆形。

7 浸入水中至产生黏性②。

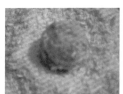

8 先将面包屑用细网过筛（取粗屑），整颗蘸满面包屑放入盘中。

9 锅中放入材料C中色拉油加热至160℃，放入沾满面包屑的流沙球，炸至两面金黄（约4分钟）即可盛出③。

---

① 面团揉至光滑，能使口感变得更柔软、筋道。
② 沾水时要浸泡久一些，让其产生黏性，否则面包屑容易脱落。
③ 注意油炸过程不能太久否则会爆浆。

清爽片粟糕

这道清爽片粟糕口感筋道、软嫩，撒上熟黄豆粉会让口感更加清爽，是一道老少咸宜的点心。

☰ 分量

1块为16厘米×8厘米×
2厘米，可切30块

⁖ 材料

A 材料

荸荠80克、胡萝卜50克、
白砂糖60克、水350克

B 材料

片粟粉80克、水120克

C 装饰

熟黄豆粉30克

👩‍🍳 做法

1 将荸荠、胡萝卜去皮、
洗净、切丁。

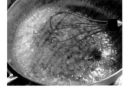

2 锅中加入水和白砂糖，
煮沸后加入荸荠丁和胡萝
卜丁。

3 将材料B倒入钢盆中拌
成浆。

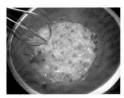

4 倒入步骤2的混合物一
起搅拌。

5 取一容器（尺寸为16
厘米×8厘米×2厘米），
底下垫烘焙纸，以防粘
黏、方便脱模（也可以在
容器内壁上抹油）。

6 将糊状液慢慢倒入模具
中抹平。

7 盖上蒸笼盖以中火蒸
20分钟①。

8 取出放凉后翻面撕去耐
热纸，用刀切成3厘米×
3厘米×2厘米的方块②。

9 蘸上材料C熟黄豆粉做
装饰。

10 以6厘米×6厘米的单
张塑料纸包成方形③。

---

① 若是用燃气炉则需要用大火蒸煮。
② 糕体要完全冷却后，才好脱模；片粟糕糕体发黏，切割时在刀口抹适量油才不会黏刀。
③ 沾上熟黄豆粉更能增加其香味，如不喜欢也可不添加，直接食用。

台式萝卜糕

萝卜糕在台湾地区被称为"菜头粿",有"好彩头"的寓意,而葱头便宜又好吃,因此每年过年都有准备萝卜糕的习俗。现在,在早餐店的餐桌上也常常会看到台式萝卜糕的身影。

分量

可做2大块，1块尺寸为20厘米×9厘米×7厘米，每块约900克。

材料

A材料（粉浆）

黏米粉250克、马铃薯粉50克、水360克、盐3克、味精10克、糖5克、胡椒粉2克、香油10克

B材料（萝卜料）

白萝卜丝300克、胡萝卜丝50克、香菇丝30克、洋葱30克、猪油30克、虾米10克、水700毫升

做法

1 先将材料B中胡萝卜和白萝卜洗净、去皮、刨丝。

2 香菇丝洗净后泡发。

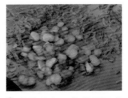

3 洋葱洗净，去蒂后切成薄片，虾米洗净、滤干水分。锅中放少许猪油，开中火加热使猪油化开，倒入洋葱片先爆香，加入虾米续炒。

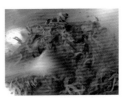

4 加入挤干水分的胡萝卜丝、白萝卜丝，炒干水分。

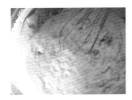

5 倒入700毫升水煮沸。

6 另取一容器，筛入马铃薯粉、黏米粉。

7 加入盐、味精、糖、胡椒粉、香油拌匀。

8 加入360毫升水拌成粉浆备用。

9 将步骤5煮沸的材料慢慢倒入粉浆中，搅拌成浓稠状。取2个尺寸为20厘米×9厘米×7厘米的模具，在四周底部垫耐热纸。

10 将粉浆倒入容器中约8分满。

11 置于蒸笼中，以大火蒸50分钟[①]。

12 用牙签插入，若不粘签即可取出。放凉后即可切片煎熟。

① 视容器大小及粉浆多少来计算蒸煮时间。

港式萝卜糕

萝卜糕在广东与香港是年糕的一种。稻米一年才成熟一次，从周代开始就有过年吃年糕的习俗，来祝贺五谷丰收之意。也因为"糕"与"高"同音，所以吃年糕还有"长寿"与"步步高升"的含义。

☰ 分量

1盘份，尺寸为32厘米×22厘米×7厘米

∴ 材料

A材料（粉浆）

黏米粉250克、澄粉70克、片粟粉50克、水450克、香油20克、色拉油30克

B材料（萝卜丝料）

白萝卜丝300克、香菇丝30克、红葱头30克、猪油30克、虾米30克、水600克、盐3克、腊肉70克、腊肠80克、味精12克、糖6克、白胡椒粉3克

👩‍🍳 做法

1 先将材料B备齐，白萝卜洗净、去皮、刨丝。

2 香菇洗净，浸发后切丝。

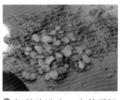

3 红葱头洗净，去蒂后切薄片，虾米洗净、滤干水分。锅中放少许猪油，开中火使猪油化开，倒入红葱头片先爆香，加入虾米爆香。

4 加入香菇、盐、腊肉、腊肠、味精、糖、白胡椒粉续炒。

5 加入挤干的白萝卜丝炒干水分，倒入600克的水煮沸①。

6 将澄粉、黏米粉、片粟粉混合过筛。

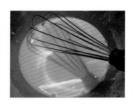

7 加入450克水，再加入香油、色拉油拌匀备用。

8 将步骤5的混合物慢慢倒入粉浆中，搅拌至浓稠状。

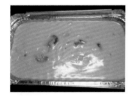

9 取1个尺寸为32厘米×22厘米×7厘米的模具（底部垫耐热纸），将粉浆倒入容器中约八分满，放入蒸锅中以大火蒸50分钟。

10 用牙签插入如不粘签即可取出，放凉后即可切片煎熟。

---

① 这道点心因使用的佐料太多，所以水分不宜过多否则会影响口感。

胡萝卜炸糕

胡萝卜炸糕外表像胡萝卜，趁热食用外酥内软，冷却后食用口感更佳，适合老人、小孩食用。带有芋头香味，更能迎合大众口味，也因所用食材较常见、做法简单深受欢迎。

分量

可做13个，每个48克（外皮约35克、内馅13克）

材料

A 外皮

糯米粉200克、奶粉20克、糖粉20克、胡萝卜120克（去皮、洗净、切小丁后剩105克）、水100克

B 内馅

市售芋头馅170克

C 炸料

色拉油适量

D 装饰

葱段约5厘米（2根，取葱叶，也可用芹菜段替换）

做法

1 材料A中胡萝卜去皮、洗净切小丁，加水后放入果汁机打成泥后倒入容器中。

2 倒入过筛后的糯米粉、奶粉、糖粉。

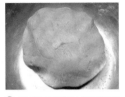

3 拌成团再放于桌面揉至光滑①。

4 将面团分割成若干个单个重量为30克的小面团，搓圆。

5 材料B中芋头馅分割成若干个单个重量为12克的馅料团，搓圆。取一外皮，按扁包入芋头馅。

6 搓成圆锥形，至全部搓完为止。

7 将油锅烧热至180℃，可先放一颗测试油温。

8 放入全部炸糕，炸糕浮起时即可翻面，边炸边翻动防止变焦并转大火②。

9 炸至金黄即可用滤网捞出，滴干油脂③。

10 将葱段切成如图所示的形状后，装饰成胡萝卜叶的形状。

---

① 面团揉至光滑，能使口感更加柔软、筋道。

② 如果放入较多个炸糕，油温会从180℃降为150℃以下，故需开中火保持油温在180℃，并可逼出油脂。

③ 炸的油温要高，时间不能太长否则会爆馅。

奶油炸糕

由19世纪初从西方传入的西点做法改良而成，也是北京特色小吃之一，外酥内嫩、冷后柔软细嫩，适合老人、小孩食用，因所用食材较常见、做法简单深受欢迎。

三 分量

可做15个，每个25克

·: 材料

A 材料

无水黄油20克、白砂糖10克、水200克、中筋面粉100克、奶粉10克、蛋液48克

B 材料

色拉油适量、糖粉适量

做法

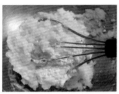

1 将材料A中的中筋面粉、奶粉先拌匀过筛。将无水黄油、水、白砂糖拌匀，加热至化开。加入中筋面粉和奶粉揉成团。

2 鸡蛋打入容器中，搅成蛋液。

3 逐量加入到步骤1的面团中，揉匀后先静置10分钟。

4 锅中倒入适量色拉油热锅至160℃，将面团挤成丸子形。

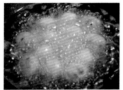

5 将丸子放入油锅中炸至浮起。边炸边翻面防止变焦，至全部下完开大火将油逼出。炸至金黄即可用滤网捞出、控干油分。食用时在上面撒些糖粉即可[①]。

---

① 炸的时间不能太久否则会爆馅。

第四章

茶点

品尝着茶包甜而不腻的抹茶豆沙馅，
还有外皮筋道、内馅丰富的茶粿，入口即化的茶糕、三眼糕也令
人回味无穷，
听着师傅分享的糕点典故，亲手做一盘古早味点心，带你体验一
回庙口讲古的文化之旅！

茶酥

这是古时候每逢年节家家户户必备的甜点，送礼自用两相宜，也是茶余饭后的好点心！

☰ 分量

可做24个，每个10克

•:材料

马铃薯粉40克、低筋面粉100克、抹茶粉10克、糖粉30克、猪油60克

🍳 做法

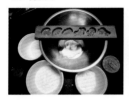

1 所有材料先备齐，将马铃薯粉、低筋面粉、抹茶粉过筛。

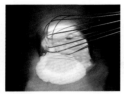

2 容器中放入糖粉、猪油打发至发白。

3 全部拌匀后倒入过筛的粉类中搓匀，此时会呈湿粉状（用手捏可成团）。

4 将湿粉倒入筛网中再过筛一次。

5 取出印模填入压平。

6 去掉多余的湿粉后倒扣入烤盘中。

7 以上、下火各180℃烤15分钟，烤至呈焦糖色即可取出。

茶包

　　茶包香甜可口，品尝时可搭配茶水一起食用。通常在品尝时还会观看曲艺表演，妙语连珠的演出与美味茶点，代表着旱庙口文化的趣味生活。

☰ 分量

可做16个，每个30克（外皮10克、内馅20克）

⋮ 材料

A 外皮
猪油20克、炼乳40克、麦芽糖10克、低筋面粉90克

B 内馅
抹茶豆沙320克

👨‍🍳 做法

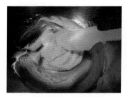

1 取一钢锅放入猪油、炼乳拌匀，再放入麦芽糖拌成面糊。倒入过筛后的低筋面粉，拌匀。

2 揉光后分割成若干个单个重量为10克的面团①。

3 将抹茶馅分割成若干个单个重量为20克的馅料团。将抹茶馅包入外皮中②。

4 放入大号量匙中，整形成半球形。

5 依次放入烤盘。盖上印章，在表皮喷水。

6 以上火160℃、下火140℃烤20分钟③。

① 面团揉至光滑，能增加柔软度。
② 如果买不到抹茶馅，可用白豆沙加抹茶粉混合制成馅。
③ 也可以放入蒸锅中以中火蒸15分钟。

 Tips

茶包可蒸、可烤，蒸的茶包较为软糯，烤的茶包较为酥脆，放至隔天会回软。

茶点

　　浓郁的炼乳、奶酪丰富了马铃薯馅的口感，再搭配酥脆外皮，是一道让人无法忘怀的美味点心。

☰ 分量

可做12个，每个30克（酥皮15克、内馅15克）

⸫ 材料

A 酥皮

无水黄油50克、糖粉20克、奶酪粉20克、低筋面粉100克

B 内馅

糖粉25克、无水黄油30克、炼乳25克、奶酪粉10克、马铃薯粉90克

🎩 制作内馅

1 将马铃薯粉先放入电饭锅蒸熟，趁热过筛备用。

2 将糖粉、无水黄油、奶酪粉放入容器中拌匀。

3 加入炼乳拌匀后，再放入熟马铃薯粉拌匀成团。

4 分割成若干个单个重量为15克的面团后搓圆备用。

🎩 制作外皮与组合

5 将材料A中无水黄油、糖粉拌匀后，加入10克奶酪粉拌匀，再加入低筋面粉拌匀成团，分割成若干个单个重量为15克的面团坯后，包入内馅。

6 依次团成团。

7 将烤箱先预热至200℃，将长方形模具放在小烤盘上。

8 将包好的成品放入长方形模中压平。

9 放入烤箱中层，以上、下火各200℃烤10分钟。

10 烤至底部上色后，翻面续烤①。

11 翻面后将烤盘调整方向，续烤5分钟至熟②。

12 趁热脱模即可，冷却后在表面撒上剩余奶酪粉。

---

① 将烤盘拉出烤箱，扣上另一个烤盘，翻转即可翻面。
② 将烤盘调整方向的动作是为了使食材着色均匀。

茶饼

亲手做一盘外皮酥脆、内馅满溢着麦芽奶香的茶饼，细细品尝茶点与热茶的绝妙搭配，让喝茶的时光变得更加享受。

☰ 分量

可做20个，每个43克（油皮12克、油酥6克、内馅25克）

⁑ 材料

A 油皮
中筋面粉130克、糖粉10克、猪油30克、热水70克

B 油酥
低筋面粉85克、猪油40克

C 内馅
马铃薯粉220克、糖粉100克、无水黄油60克、炼乳60克、麦芽糖60克、盐3克

D 装饰
芝麻60克

👨‍🍳 制作内馅

1 将马铃薯粉先放入蒸笼，水开后以中火蒸10分钟，至表面有湿状裂痕，用锅铲戳起能成块且不会松散即可取出，趁热过筛。

2 将糖粉、无水黄油放入盆中先打发至发白，再次加入炼乳、麦芽糖、盐拌匀。

3 加入过筛后的马铃薯粉拌成团，分割成若干个单个重量为25克的面团，搓圆备用。

👨‍🍳 制作外皮与组合

4 将中筋面粉过筛后中间挖空。放入糖粉、猪油拌匀，分次加热水调和后，与中筋面粉一起拌成团。分割成若干个单个重量为12克的油皮。

5 材料B拌匀成团，分割成若干个单个重量为6克的油酥，将油酥包入油皮中。将包好的油酥皮擀长，从旁边卷起再擀长，再由上往下卷起。将每个油酥皮擀圆，分别包入内馅。

6 压扁后放入方形模中收口朝上填满。表面朝上，擦少许水，撒上芝麻压实。放入预热后的烤箱。

7 以上火150℃、下火180℃烤15分钟后翻面，将下火调至160℃后续烤，烤至表面略膨胀即可取出①。

---

① 翻面可使食材着色均匀。

茶糕

这道茶糕因入口即化，口味独特而深获好评，材料中去掉了猪油，素食者也能享用。

☰ 分量

可做20个，每个12克

⁚ 材料

糕仔糖90克、马铃薯粉
150克、糕仔粉10克

👨‍🍳 做法

1 马铃薯粉放入电饭锅蒸熟趁热过筛。

2 将糕仔粉和蒸熟的马铃薯粉过筛。

3 糕仔糖先用手搓匀后，加入步骤2的混合物拌匀。

4 用手粗捏成团后再过筛一次。

5 再用同一筛网过筛一次。

6 装入模型中压实成形后，20分钟后可食。

糕仔糖制作

⁚ 材料

白砂糖600克、水225克

👨‍🍳 做法

1. 将白砂糖、水一起放入锅中煮沸。
2. 煮至黏稠且温度达到114℃，关火使温度降至50℃。搅拌至糖汁变成白色糖粉状即完成。

💡 Tips

如果想减少制作糕仔糖的材料用量，最少只能减到为白砂糖200克、水80克，因为糖量太少容易焦边，影响颜色及糕体，且必须要使用较厚的锅以防焦底。

茶果

茶果饼曾是古代的零食之一，又被称为"米香"。古代男女双方订婚后还要下聘礼，俗说完聘，订婚时还有食用茶果饼的习俗。如今这个习俗已随时代的进步而逐渐消失。

分量

可做10个，每个约50克

材料

白砂糖150克、麦芽糖60克、绿茶60克、大米200克、熟腰果50克、熟白芝麻25克

做法

1 大米先放入锅中以小火略微炒干后取出，放入腰果、熟白芝麻拌匀。

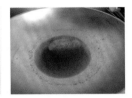

2 锅中放入白砂糖、麦芽糖、绿茶以中火煮沸后转小火。

3 将锅边糖粒用毛刷洗净以防煮焦。

4 煮至黏稠，用木勺拉起时会有丝状。滴入水中可成块，用手捏不软、略硬，即可熄火取出[1]。

5 倒入炒干的大米、剥开的腰果、熟白芝麻快速拌匀。

6 攒成团。

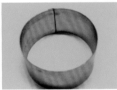

7 趁热用双手压入6厘米的圆模中。

8 至全部压完、稍冷却后脱模即可包装，以免受潮、发黏。

绿茶制作流程

材料

绿茶叶10克、水1000克

做法

1. 将1000克沸水倒入绿茶中盖上盖。
2. 闷4分钟后滤去茶叶即为绿茶[1]。

Tips

剩余的绿茶可配茶果喝，一举两得。想喝甜的绿茶可加100克二砂糖拌匀。

---

[1] 无温度计时，可凭经验与感觉将糖煮至拉丝。

茶粿

有嚼劲的外皮，搭配炒得咸香的香菇肉馅，令人食欲大增，一口接着一口。

分量

可做20个，每个80克（外皮50克、内馅30克）

材料

A 外皮
糯米粉400克、水300克、南瓜330克（去皮、子后剩300克）

B 内馅
肉馅100克、虾皮10克、萝卜500克、盐6克、香菇丝15克、油葱酥20克

C 调味料
味精12克、白砂糖10克、胡椒粉3克、盐6克、色拉油少量

制作内馅

1 将虾皮洗净、泡发。

2 将萝卜洗净、去皮、刨丝。加入适量盐，静置30分钟后挤干水分备用。

3 将香菇丝用水浸泡30分钟、变软后挤干水分备用。

4 取一锅，倒入少许色拉油，烧热后，倒入虾皮炒出香味。

5 倒入香菇丝续炒。

6 加入肉馅继续炒。加入盐、味精、糖、胡椒粉，倒入挤干的萝卜丝炒干水分。加入油葱酥拌匀后，取出放凉备用。

制作外皮与组合

7 南瓜去皮、去子后洗净、切块，蒸熟后，趁热捣成南瓜泥放凉备用。将糯米粉与水混合拌成团，取80克面团压扁。

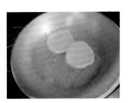

8 取一锅，放入少许水煮沸，放入压扁的面皮煮至浮起。

9 取出面皮放入面团中，加入南瓜泥揉至光滑①。

10 分割成若干个单个重量为50克的面团，搓圆压扁，分别包入30克的馅料。

11 捏成圆形，收口向上捏合，放入模具中压平、敲出。

12 底部垫粽叶或用馒头纸，放入蒸笼以中火蒸10分钟②③。

① 面团揉至光滑，能使茶粿的口感更加柔软、筋道。
② 须在粽叶表面抹油，并剪掉多余的部分；若用大火需蒸8分钟，小火需15分钟，一笼只能放15个，故须分两笼蒸。
③ 茶粿不宜久蒸，容易会流成扁状影响美观。

茶糖

　　古早茶糖小而美，经常作为人们下棋、闲聊的点心，后做法逐渐被改良，后来逐渐演变为现在人民经常食用的芝麻糖。

☰ 分量

可做16个，每个尺寸为4厘米×2厘米×0.5厘米

∵ 材料

白砂糖150克、绿茶60克（做法详见第91页）、盐2克、麦芽糖50克、红薯200克、熟白芝麻30克

👨‍🍳 做法

1 红薯去皮、洗净、切丁，趁热捣碎成泥，放凉备用。

2 锅中放入白砂糖、麦芽糖、绿茶、盐，开中火煮至黏稠。

3 煮至浓稠，用木勺拉起时会呈膏状，滴入水中呈脆丝状[①]。

4 加入红薯泥拌至收汁。

5 取尺寸为22厘米×8厘米×2厘米的烤盘，铺上熟白芝麻。

6 将步骤4的混合物倒入烤盘中，趁热压平成1厘米厚。

7 倒出后，用擀面杖擀成约0.5厘米厚的片，将长边各切掉1厘米使其平整。

8 对切成8块，再对切成16块（每块尺寸为2厘米×5厘米，如示意图A）。

9 以4厘米×6厘米的塑料纸包装后放入盘中以防返潮、湿黏。

图A

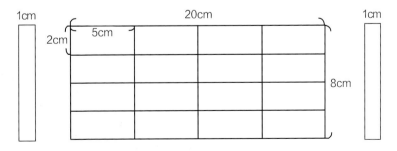

---

① 无温度计时，可试着凭经验与感觉将糖煮至膏状即可熄火。

三眼糕

　　三眼糕从古时候流传至今做法已经失传，如今也已变了样、走了味，原本的三眼糕只要含在嘴里，就会随着唾液而溶化，如今取而代之的三眼糕，却会黏在舌头上久久无法化开。不过在书里收录的正是失传的山远糕。

☰ 分量

可做102个，每个2克

⁖ 材料

糕仔糖30克（做法详见第89页）、糕仔粉40克、马铃薯粉120克、猪油15克

🍳 做法

1 所有材料备齐，先将马铃薯粉蒸熟后趁热过筛，并与糕仔粉再筛一次。

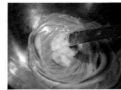

2 糕仔糖放入大钢盆中，加入猪油拌匀。

3 加入过筛的粉类翻拌均匀，至完全松散呈湿粉状、用手捏可成形的程度即可。

4 以细筛过筛两次①。

5 取山形模具，将筛过的粉铺入山形模中压实，去掉表面多余的粉并抹平②。

6 再次压实、补粉再抹平。

7 拿起模具从两旁各敲一下。

8 翻转方向再各敲一下，置于桌面轻轻敲下山形糕。

9 因为糕体小所以需用垫板铲起，置于盘中至全部敲完为止，20分钟后即可食用。

💬 吕师傅说故事

"三眼糕"的名字由来已久，起源于明朝的阳明学说："山近月远觉月小，便道此山大于月，若人有眼大如天，当见山高月更阔。"意指有远见的人，当知山高月更大的道理，后人为勉世人，即做出像山形状的小糕仔来提醒大家。原本是劝世人的"山远糕"几经流传，到后来却被传说成是杨戬头上的第三个眼睛"三眼糕"。

猪油炼取方法

✤ 材料

肥肉200克（炼取后大约可得130克的猪油）

🍳 做法

炼取方法是将猪肉放入锅中，开中火，锅中出现油脂后将油渣捞出，并不断重复该动作。要不时翻面，使肥肉能完全受热渗出油脂，直至不再出现油渣为止，绝不能让肥肉全部化为猪油时再捞油渣，避免猪油味变淡。

💡 Tips

马铃薯粉存放过久会有发酵后的淀粉酸味，猪油也不能炼太长时间，否则会有熟油味。

---

① 用手压会比较粗糙。
② 山形模具可绘好图形及尺寸大小后定做。

红豆松糕

红豆松糕是江浙地区的传统糕点。甜丝丝、香喷喷，吃着红豆松糕，年就不远了。

☰ 分量

可做直径为20厘米的圆形松糕1个（高13厘米）

⋮ 材料

黏米粉30克、蓬莱米粉100克、糯米粉50克、糖粉22克、水70克、蜜红豆80克（做法详见第119页的"简捷法"）

👩‍🍳 做法

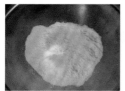

1 将黏米粉、蓬莱粉、糯米粉、糖粉一起混合过筛。

2 放入大钢盆中，加入水拌匀成湿粉状。

3 用手拨松，再用手掌拨散，用手捏时可成形即可。

4 以细筛过筛两次①。

5 取一直径为20厘米、高4厘米的圆形模具，将筛过的粉铺入模具中（只需填一半）。

6 放一层蜜红豆，离模具边缘1厘米左右。

7 上面再撒上一层剩余的粉，铺平，放入铁蒸笼中。

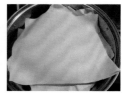

8 表面覆盖三层白纸以防滴水。

9 以中火蒸30分钟，至表面湿软、四周离模，用竹扦插入如不粘签，表示熟透即可熄火②。

10 取出放凉，先用一块木板倒扣。脱模后即可用刀先对切两次成4块，再对切两次成8块（或自行切成所需大小）③。

---

① 切勿用手压，否则红豆松糕的口感会比较粗糙。

② 不能蒸太久，否则成品会回缩，放凉会变硬。

③ 冷藏前请先分割，食用时即可依食量拿出用微波炉加热（1/8块约加热40秒，1/16块约加热20秒），或蒸5分钟。

迷你状元糕

早期的状元糕冷却后会变硬，这里收录的是改良过的状元糕，口感如同松糕，冷、热食用皆松软可口。

☰ 分量

可做19个，每个约14克

⠂材料

A 材料

黏米粉30克、蓬莱米粉100克、糯米粉50克、糖粉30克、水70克、铝模若干个

B 装饰

花生粉少许、黑芝麻粉少许

👨‍🍳 做法

1 将黏米粉、蓬莱米粉、糯米粉、糖粉混合均匀后过筛。

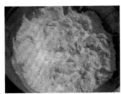

2 放入大钢盆中，加入水拌匀成湿粉状。

3 用手拨松，再用手掌拨散，至呈松散状。

4 用手捏可成形。

5 用细筛过筛两次①。

6 取铝模，将筛过的粉铺入模具中，将表面多余的粉去掉后抹平②。

7 放入蒸笼中，表面撒一些材料B。

8 在表面覆盖三层白报纸防止滴水。

9 以中火蒸10分钟③。

10 至表面湿软四周离模，用竹签插入后如不粘签，即表示熟透可熄火。

11 取出放凉即可食用。

💬 吕师傅说故事

据传清初有位举人落榜后为了谋生，便将纯米磨成细粉，放在竹筒内蒸熟，即为"竹筒糕"或"筒子糕"。后来他考取状元后，将这道小吃献给皇上品尝时，皇上将这道点心赐名为"状元糕"。

---

① 切勿用手压，否则成品会比较粗糙。

② 可用刮刀或塑料板将表面抹平。

③ 不能蒸过久，否则成品会回缩，放凉后则会变硬。

第五章

其他

本篇集结老师傅不藏私的实用炼乳、蜜红豆制法，
还介绍了古早味蛋糕的三种做法，甚至介绍了传统婚宴习俗的糖
不甩、腐竹糖水两道名点，
让我们在品尝古早味点心时，体会饮食文化与人们的生活轨迹。

松子软糕

造型独特的松子软糕，外皮酥脆、奶油内馅香甜美味，多层次的口感建议趁热食用。

☰ 分量

可做10个，每个55克（外皮35克、内馅20克）

∵ 材料

A 外皮
马铃薯85克、水80克、糯米粉120克、玉米粉30克、白砂糖20克、黄油20克

B 内馅（做法详见本页）
奶油杏仁馅200克

C 装饰
松子仁80克

👨‍🍳 做法

1 将马铃薯洗净、去皮、切丁后，放入果汁机加水70克打成泥。倒入不锈钢盆中，再加入少量水清洗果汁机，将剩余泥渣也倒入钢盆中。

2 加入材料A的剩余食材，拌匀。

3 倒入蒸盘后蒸熟（约20分钟）。

4 取出后冷冻20分钟，将冷藏面团分割成若干个单个重量为30克的小面团后放入钢盆中揉成小面团①。

5 将面团按扁后擀薄。

6 包入奶油杏仁馅，将捏口捏紧防止爆馅。

7 搓成圆锥形，浸入水中至产生黏性，捞出后整颗蘸满松子仁装饰②。

8 锅中倒入色拉油，烧至160℃，放入松子软糕坯，炸至两面呈金黄色（约3分钟）即可取出③。

奶油杏仁馅制作

∵ 材料

白砂糖30克、低筋面粉20克、玉米粉15克、杏仁粉15克（无糖）、黄油10克、水110克

👨‍🍳 做法

将白砂糖、低筋面粉、玉米粉、杏仁粉先拌匀后，加入水、黄油以隔水加热法加热，拌至浓稠即可。起锅后放凉备用。

---

① 面团揉至光滑，能使松子软糕的口感更加绵软。

② 浸入水中时，一定要揉出黏性，否则松子仁容易脱落。

③ 油炸时间不能太久否则会爆馅。

蜂巢奶油卷

酸甜的水蜜桃，中和浓郁的奶油馅，让蜂巢奶油卷吃起来层次多元、甜而不腻。

☰ 分量

可做12个，每个53克（外皮约33克、内馅约20克）

∴ 材料

A 外皮

低筋面粉150克、糖粉20克、水150克、色拉油25克、鸡蛋1个、碳酸氢氨3克

B 内馅（黄油馅）

白砂糖30克、玉米粉15克、低筋面粉30克、黄油10克、水150克

C 材料

水蜜桃3大片（罐头装），切成12小片

👨‍🍳 制作内馅

1 材料B备齐，将低筋面粉、玉米粉先过筛。

2 加入白砂糖、黄油、水拌匀。以隔水加热法拌成糊状，取出放凉备用①。

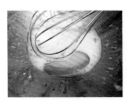

4 加入碳酸氢氨、色拉油。加入低筋面粉拌成浆，静置20分钟②。

7 将饼皮底部朝上抹一层内馅。

8 将水蜜桃切成小片。

👨‍🍳 制作外皮与组合

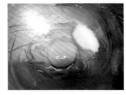

3 鸡蛋打入盆中，加入糖粉、水拌匀。

5 平底锅先以中火预热，转小火舀入一大匙粉浆（约10克），趁未熟前抹圆。

6 至底部着色时翻面略煎一下马上取出，重复多次直至将所有粉浆用完。

9 放上一块水蜜桃。

10 卷起即可③。

---

① 也可用鲜奶油取代黄油馅，将200克的鲜奶油打发即可。

② 蜂巢的气孔是靠碳酸氢氨而形成的，使用泡打粉及苏打粉无法达到同样的效果。

③ 卷好的皮的蜂巢面向外。

西蓝花卷

　　西蓝花卷是天津的一道风味小点，也是上桌摆盘宴客的点心，用料丰富，口感比荷叶饼有咬劲，适合老人、小孩食用。

≡ 分量

可做20个，每个85克（外皮40克、内馅45克）

∴ 材料

A 外皮

淀粉150克、澄粉250克、开水420克

B 内馅

蘑菇120克、西蓝花150克、马铃薯150克、胡萝卜130克、肉馅200克、洋葱150克、盐3克、糖10克、味精6克

C 蘸酱

盐2克、糖6克、味精4克、番茄汁30克、水60克、淀粉50克、水150克

🎩 制作内馅

1 马铃薯去皮、切丁后蒸熟。

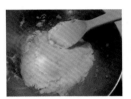

2 趁热捣成泥，加入盐、糖、味精拌匀。

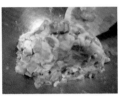

3 将蘑菇、洋葱洗净、切段，胡萝卜去皮、洗净、切丁，取部分西蓝花洗净、切碎，与肉馅一同倒入马铃薯泥中拌成馅料备用。

🎩 制作蘸酱、外皮及组合

4 锅中倒入盐、糖、味精、番茄汁。倒入60毫升水，烧开后加入淀粉、150克水，煮至黏稠即为蘸酱。将淀粉、澄粉过筛后倒入盆中，倒入适量开水。

5 揉成光滑的面团，盖上塑料袋醒发20分钟[1]。

6 将面团擀成0.3厘米厚的长方形面片。

7 再切成3厘米宽的面片。

8 抹上馅料，放上一块西蓝花卷成圆筒形[2]。

9 放入蒸笼以中火蒸15分钟，取出即可摆盘食用[3]。

---

[1] 面团揉至光滑，能使西蓝花卷的口感更加柔软；醒面有利于面团的松弛与操作，是制作时的必需过程。

[2] 西蓝花不用炒直接包入面皮中即可，炒过会变黄影响美观。

[3] 西蓝花食用时淋上蘸酱更加美味。

红豆章鱼饺

八爪小章鱼化身为点心，筋道的外皮包覆着香甜的红豆馅，造型可爱又好吃。

☰ 分量

可做10个，每个40克（外皮30克、内馅10克）

•:材料

A 外皮
淀粉35克、热水155克、澄粉110克、可可粉3克

B 内馅
红豆馅100克

👨‍🍳 制作外皮与组合

1 将锅中水烧沸。

2 将澄粉与热水混合拌成团，加入淀粉揉至光滑①。

3 取一小块面团，加入可可粉揉成小圆球当眼睛，揉一些做成小细条备用，其余搓成长条，分割成若干个单个重量为30克的小圆球。

4 将红豆馅分割成若干个单个重量为10克的馅料团，包入外皮中。捏成葫芦形。

5 收口向上捏合②。

6 底部压扁切成8条面皮，分别将八条面皮搓圆、搓长，可可小细条贴在4条脚上做配色。

7 底部垫馒头纸放入做好的章鱼饺。将搓圆的可可小球蘸上水贴在头部当作眼睛。

8 放入蒸笼，以中火蒸6分钟，取出放凉即可摆盘食用③。

虾仁馅做法

本品也可改用虾仁馅做成餐桌上的点心。

•:材料

虾仁100克、盐2克、白砂糖5克、味精4克

👨‍🍳 做法

1. 先将虾仁洗净，剁成泥后放入盆中。
2. 加入盐、味精、白砂糖调味。
3. 将虾仁馅多搅拌几下，让虾仁产生黏性后冷藏备用。

---

① 将面团揉至光滑，能使红豆章鱼饺的口感更加柔软。

② 也可将红豆馅换成虾仁馅。

③ 不宜久蒸，否则容易流成扁平状不美观。

红薯如意糖

　　红薯如意糖为古时候的订婚礼饼之一，因状似如意，所以在订婚习俗中占有重要的一席之地。"事事如意永不分离，患难中相扶持，如意时共欢乐"，送如意糖讨喜，表示新人下辈子的命运环环相扣在一起，从今以后就要紧靠永不离。

☰分量

可做1盘份、18个（盘子
尺寸为22厘米×16厘米×
2厘米）

•:材料

白砂糖120克、水80克、
麦芽糖100克、红薯200
克、白芝麻少量

👨‍🍳做法

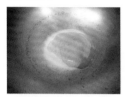

1 先将红薯去皮、洗净、
切丁，蒸熟后趁热捣成
泥。锅中放入白砂糖、麦
芽糖、水，糖融化后将留
在锅边的糖渍洗掉以避免
反砂。

2 煮至浓稠（136℃）用
木勺拉起时会呈膏状，滴
入水中立即变成硬脆的
丝状①。

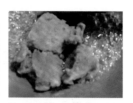

3 将糖丝从水面捞出时，
糖丝发脆即可熄火，倒入
红薯泥拌匀。

4 取1个尺寸为22厘米×
16厘米×2厘米的平盘，
撒上白芝麻。倒入步骤3
的混合物，用擀面杖擀成
0.5厘米厚的片。

5 倒出后切成16厘米×
2厘米的长条状，卷成如
意形的两个双环状，稍微
变凉即可包装以免受潮、
发黏。

💡Tips

制作古早红薯如意糖时主要食材为红薯，后来被做成古早
味小点心时才加入花生。

---

① 若无温度计，可试着凭经验与感觉，将糖浆煮至拉丝状。

糖不甩

　　糖不甩为一道广东小吃，谈婚论嫁的男女双方家长是否同意一桩婚事会用"糖不甩"及"腐竹糖水"来表示：假如女方家长同意这门亲事，便会煮出"糖不甩"，当男方看到"糖不甩"就知道这门亲事甩不了，于是高兴得大口吃下，一碗再一碗。

分量
可做15个，每个12克

材料
糯米粉100克、水80克、红糖50克、水200克、花生粉适量、椰丝适量、樱桃适量、枸杞适量

做法

1 将糯米粉、水揉成团。

2 揉成长条。

3 分割成若干个单个重量为12克的小面团，搓圆。

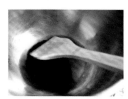

4 将红糖、水200克熬煮成汁。

5 另取一锅倒入适量水（材料外），煮沸，放入搓圆的糯米团煮至浮起。

6 捞出一半糯米团放于碗中，浇上红糖汁，撒上花生粉、椰丝及枸杞，再点缀一颗樱桃。

腐竹糖水

　　此道名点与"糖不甩"恰好相反，当男方到女方家相亲时，如果看到"糖不甩"便会高兴地大口大口吃。但男方看到"腐竹糖水"只吃两口就会匆匆地走了，为什么呢？原来端出"腐竹糖水"是表示女方不同意这门亲事，虽然甜在嘴里，但却苦在心里。

☰ 分量
2人份（媒婆与相亲者各食用1份）

⋮ 材料
鸡蛋2个、白糖50克、姜片2片、枸杞适量、　水200克、小葱2根

👨‍🍳 做法

1 将所有材料备齐。

2 小葱洗净切小段，姜切成2小片，鸡蛋打散。

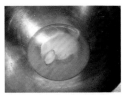

3 取一锅，倒入白糖、姜片、水煮沸。

4 倒入打散的蛋液，等蛋花漂起即可熄火。

5 先舀一半放入碗中，再撒上一些葱段、枸杞即可。

自制炼乳法

　　自制炼乳的制作量可自行掌控，制作量不必受限于整瓶整罐，以免用不完导致变干或时间一长变黄。

⸖材料

奶粉30克、水40克、白砂糖80克、麦芽糖10克、牛奶150毫升

👨‍🍳做法

 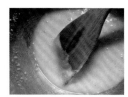 

1 盆中放入白砂糖、麦芽糖、奶粉，加水先拌成膏状。

2 加入牛奶后加热，边加热边搅动，以防焦底①。

3 拌至收汁即可，盛入容器、放凉备用。

① 用隔水加热法加热成功率较高。

蜜红豆制法

收录两种简易做法，天然又美味的蜜红豆馅料，是制作许多甜点时的好搭档。

·:材料

红豆100克、水120克、白砂糖60克、盐少量

🍳A 浸泡法（如步骤图所示）

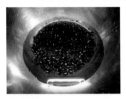

1 红豆洗净、浸泡6小时后滤干，再重新加入120克的水继续浸泡①。

2 放入锅中煮（约煮15分钟）趁红豆未煮开时换水②。

3 外锅加一杯水，续煮至熟。

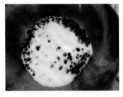

4 取出，趁热加入白砂糖与盐，用饭匙拌匀③。

5 将热红豆与糖搅拌会出汁，冷却后汁水会被收干，盛入容器，放入冰箱冷藏备用④。

🍳B 简捷法

1 洗净后将浮起的红豆挑出，再将水倒掉直接放入电饭锅中，加水120克（水要淹过红豆），外锅加入1杯水煮至开关跳起。倒掉剩余水，重新加入120克的水至电饭锅中，外锅加入2杯水煮至红豆熟，断电闷15分钟⑤。

2 取出趁热加入白砂糖与盐，用饭匙轻轻搅拌均匀后，放凉后放入冰箱冷藏备用。

---

① 颜色浅的红豆为当年红豆，可较快煮熟，颜色深的红豆为陈年红豆，虽然需要很长时间才能煮熟，但味道较浓郁。

② 若想馅料颜色深一点就不必换水续煮至熟，如要颜色浅一点就在中途换水。

③ 放盐可避免食用红豆后胀气。

④ 红豆拌糖后会有水分析出，但稍后就被热气烘干。

⑤ 若红豆未全部煮熟，外锅加入1杯水煮至开关跳起（内锅不加水）。

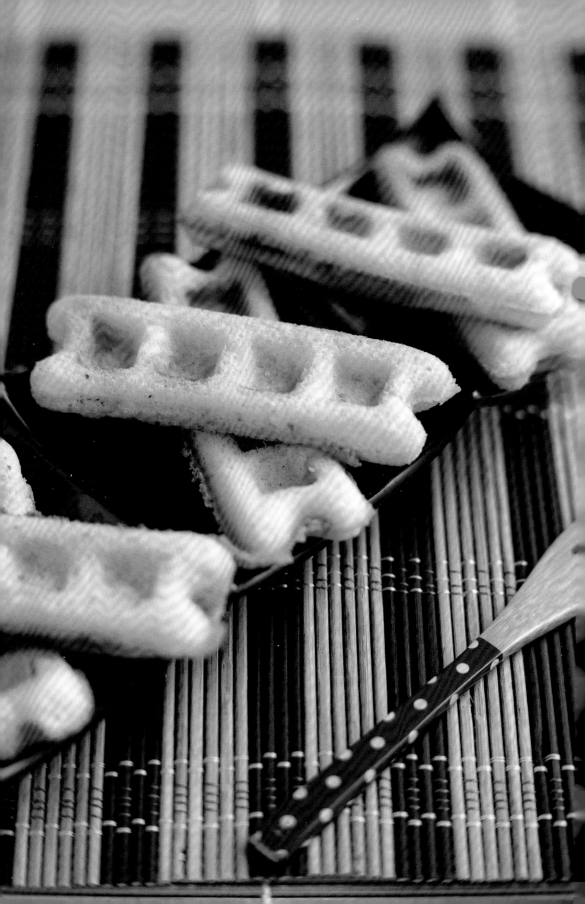

水法蛋糕

古早味蛋糕的做法是将糖倒入水中溶化后再加入鸡蛋，这种方法相对简单，制作时的关键步骤就是搅拌糖，一旦糖融化后就格外容易！不管使用糖法、蛋法、水法中的哪种打发方法，一旦打发以后，最终加入面粉的步骤都一样。

☰ 分量

可做24个，每个约2克

⁝ 材料

鸡蛋4个（约250克）、白砂糖130克、低筋面粉150克、色拉油30克、水30克

做法

1 先将所有材料备妥。

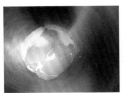

2 将水与白砂糖放入蛋糕桶中打至糖溶化。

3 加入鸡蛋打至发白，当气泡由大变小且变得绵密时，停止打发。

4 轻轻倒入低筋面粉稍微拌成面糊。

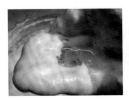

5 加入色拉油拌匀。

6 蛋糕模四周先擦油备用。

7 插上电源将模具预热，用汤匙将蛋糊舀入模具中至八分满①。

8 盖上模具盖马上翻面使蛋糕能填满模具，烤至两面金黄即可取出。

---

① 所有模具都必须先擦油预热以免粘模，即使蛋糕体做得再好，也会因会粘在模具内而影响成品美观度。

💬 吕师傅说故事

我知道在20世纪30年代以前学过古早味糕点制作的师傅，大都已退休或已不在，我有幸学过、做过甚至卖过，因此我有义务将它留传下来，不要让古早味糕点成绝传，即使没人想学，也要把它写在书里留下记录。

糖法蛋糕

　　古早味蛋糕的打发法——"糖法"是传统的基本打发法，先将糖与鸡蛋一起放入钢盆中，刚开始时会觉得不太容易打发，因为糖、鸡蛋都还没溶化起泡，等到糖溶化开始起泡后就很容易操作了。

分量
可做20个，每个约30克

材料
鸡蛋4个、白砂糖130克、低筋面粉150克、色拉油40克、牛奶20毫升

做法

1 先将所有材料备妥。

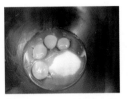

2 将鸡蛋与白砂糖放入蛋糕桶中打至发白、起泡。

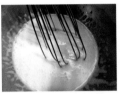

3 待打发至气泡由大变小且变得绵密时，停止打发。

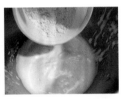

4 轻轻倒入低筋面粉稍微拌匀。

5 倒入牛奶轻轻拌匀后加入色拉油拌匀。

6 蛋糕模四周先涂抹适量油备用，插上电源将模具预热[1]。

7 用汤匙将蛋糊舀入模具中至全部填满，盖上模具盖马上将翻面使蛋糕能填满模具。烤至两面金黄即可取出。

吕师傅说故事

古早味鸡蛋糕是我最怀念的小时候的口味，那时是用半圆形铝模制作，一个才卖2角钱，虽然是2角钱，但对我来说要存一个星期才能吃到1个鸡蛋糕，存3个星期的零花钱才能买到一个苹果，更不用奢求能买到当时最流行的漫画《诸葛四郎传》。那时我们班上有位医生的儿子，他每次都买来看，虽然一本才卖3元，但对当时的我来说是不可能买得了的，所以只能蹲在旁边排队，等前面的人看完才会轮到我。

---

[1] 所有模具都必须先涂适量油预热，即使蛋糕体做得再好，也会因粘在模具上影响成品的美观度。

蛋法蛋糕

　　古早味蛋糕的打发法——"蛋法"，是用水与蛋先打出泡沫再加入砂糖，这种打发法比糖法容易一点。真正古早味蛋糕的好坏与价格在于蛋的用量，蛋多粉少价格自然贵，有着浓浓扑鼻的蛋香味，口感松软；反之价钱便宜的，就吃不出蛋香与松软的口感。

分量

可做30个，每个约20克

材料

鸡蛋4个、白砂糖130克、低筋面粉150克、色拉油40克、牛奶20毫升

做法

1 先将所有材料备妥。

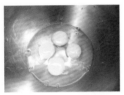

2 将鸡蛋与牛奶放入蛋糕桶中打至发白、起泡。

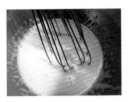

3 加入白砂糖继续打发，待气泡由大变小且变得绵密时，停止打发。

4 轻轻倒入低筋面粉稍微拌匀。

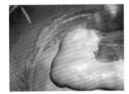

5 加入色拉油拌匀。

6 蛋糕模内壁先涂适量油后，放入烤箱预热[①]。

7 用汤匙将蛋糊舀入模具中至全部盛满。

8 以上火180℃、下火200℃放于烤箱底层（家用烤箱）烤10分钟，至两面金黄即可取出。

---

① 所有模具内壁都必须先涂油预热以免粘模，即使蛋糕体做得再好，也会因粘在模具内壁上而影响成品美观度。

Tips

做造型蛋糕（有花纹形状），粉及糖的用量不能少于蛋的1/2，把糖的用量减到蛋的一半比例以下，或是蛋糊打发过度，都会造成蛋糕回缩。

第六章

特别收录

本篇特别收录了11道从传统到变换各种口味的双糕润做法，
实用双糕润用量计算公式，可以更轻松掌握分配材料比例的要领。
除了古早味点心，老师傅还分享详细的新疆特色面食做法，
按照图示就能轻松上手！

双糕润的材料比例公式

　　要做出好吃的双糕润，材料比例的拿捏十分重要，所以在制作之前先从以下3个步骤开始，让你一次学会双糕润的计算公式！

Step1
从模具容积求得所需的浆量

水量加上总粉量即为浆量。

1. 矩形：长×高×宽。
2. 圆形：半径×半径×3.14。
3. 也可将模具直接加水称重，水的重量等于所需浆量。

Step2
了解糕浆的比例调配

以下为将"未经处理的原浆"蒸煮前的糕浆比例。

1. 粉加材料：水 = 1：1.1~1.2（口感较硬）
2. 粉加材料：水 = 1：1.3~1.5（口感适中）
3. 粉加材料：水 = 1：1.6~1.8（口感较软）
4. 粉加材料：水 = 1：2.0（过量容易溢出）

Tips

1. 糕浆的厚薄与蒸制时间有关，如2厘米厚的糕浆约需30分钟。
2. 因糕浆在蒸的时候水分会蒸发，所以要适度调整粉加材料和水的比例，这样做好的双润糕软硬才会适中。
3. 有些原料吸水能力较差，可以将比例进行调整，将粉加材料和水的比例调整为1：1.0~1.2。
4. 若材料只有蔬果与水，蔬果与水的比例则为1：1（此比例的水量不包含清洗果汁机的水）。

Step3
材料总量、水量与粉量的比例

将材料总量（不含粉）与水量相加后，求出需要准备的粉量。

X（材料总量）+Y（水量）=Z（总量）
Z（加总总量）÷1.4＝A（所需总粉量）
A（所需总粉量）÷6＝B（1份的粉量）
B（1份的粉量）×3＝糯米粉的粉量
B（1份的粉量）×2＝蓬莱米粉的粉量
B（1份的粉量）×1＝红薯粉的粉量

Tips

1. 加入色拉油可避免在切割时糕体黏刀，比例为Z（材料总量）的1/10。

2. 糖量多寡可依个人喜好调整，大约为Z（材料总量）的1/5。

3. 粉的调配可依个人喜好来做变换：糯米粉会让口感较有黏性；蓬莱米粉会让口感较为
   柔软；红薯粉会让口感较为筋道。无论3种粉量的调配比例如何，3种粉的总量需保持
   不变。

传统双糕润

传统双糕润为黑白两层，上、下各一层糕，吃在嘴里的滑润口感令人喜爱，甚至有人这样形容这道点心"双双对对，糕糕在上，润润口口，万年富贵"，真是名副其实。

☰ 分量

1盘份，尺寸为22厘米×8厘米×2厘米

⠿ 材料

A 白糕体

糯米粉90克、蓬莱米粉60克、红薯粉30克、白砂糖50克、凉开水216克、色拉油20克

B 黑糖体

糯米粉90克、蓬莱米粉60克、红薯粉30克、红糖60克、色拉油20克、热水252克

C 装饰

芋头丝100克（选用）

🍳 制作第一层白色糕体

1 将材料A的糯米粉、红薯粉、蓬莱米粉先拌匀，过筛备用。

2 取一白铁容器加入白砂糖、色拉油拌匀，加入凉开水混合拌匀，缓缓倒入步骤1的粉类慢慢拌成粉浆。

3 取一容器（尺寸为22厘米×8厘米×2厘米），在容器内壁上抹适量色拉油①。

4 倒入步骤2的粉浆蒸5分钟至略定形。

🍳 制作第二层黑糖浆与组合

5 材料B的糯米粉、红薯粉、蓬莱米粉先拌匀，过筛备用。芋头去皮、洗净、刨丝备用②。

6 将252克水煮沸，将红糖放入锅中炒至糖溶化后倒入沸水③。

7 倒出后放凉至50℃，加入色拉油拌匀。另取一白铁容器加入材料B的粉类，慢慢将红糖浆拌匀。

8 放入锅中蒸熟。

9 取出白糕蒸盘倒入黑糖浆，上面撒上一层芋头丝，盖上锅盖。

10 用中火蒸30分钟后，取出放凉。

11 脱模后即可切成所需大小（10厘米×2厘米×2厘米）④。

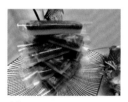

12 用10厘米×12厘米的单张塑料纸包成长条形。

💬 吕师傅说故事

双糕润是大家熟悉的东港美食，但为何要叫做"双糕润"？除了东港人外，很少人知道这与东港的嫁娶习俗有关。东港早期传说有两个很疼爱妹妹的哥哥，有天妹妹要出嫁了，他们希望为妹妹准备丰富的嫁妆，彻夜讨论之后，决定制作出这种糕点送给妹妹，这道点心也被叫作"双哥论"。因为"双哥论"与"双糕润"发音相近，后来大家都改以谐音"双糕润"称之。

---

① 也可以在模具内部垫烘焙纸或PP耐热塑料纸，以防粘黏方便脱模；不可用玻璃当垫底否则会黏。

② 芋头可根据个人喜好选用。

③ 红糖糕体的颜色取决于红糖的煮熟程度，溶化成液体颜色越黑糕体颜色就会越深，未完全溶化糕体颜色就会很浅，另外，可加入酱油使颜色加深并减少甜度。

④ 糕体要完全冷却后，才容易脱模。

花生双糕润

　　除了传统的双糕润，后来也有人变换各种口味，有红豆、桂圆、坚果、干果等不同口感，甚至为了做出不同层次的口感，连做法也有了改变，花生双糕润就是改变口感的另一种做法，而花生经过烘烤后味道更香，就像在吃花生糖一样。

🍴 分量

可做1盘份，尺寸为22厘米×8厘米×2厘米

🍴 材料

A 花生泥
花生80克、水280克

B 材料
红薯粉75克、糯米粉50克、蓬莱米粉25克、白砂糖60克、盐3克、色拉油30克

C 装饰
花生粉20克

👨‍🍳 做法

1 将花生用上、下火200℃烤25分钟至呈金黄色，取出放冷备用。将材料B中的糯米粉、红薯粉、蓬莱米粉先过筛备用。果汁机放入材料A花生，加水240克打成泥，倒入钢盆中。

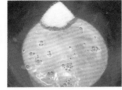

2 加水20毫升清洗果汁机，再次倒入钢盆中。加入20克水清洗果汁机，并倒入钢盆中加白砂糖、盐，加热至糖溶化后即为花生浆，离火放凉至50度①。

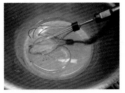

3 加入色拉油拌匀。

4 分两次加入过筛的粉类至花生浆中②。

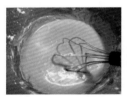

5 慢慢拌匀成膏状。

6 取一尺寸为22厘米×8厘米×2厘米的容器，内壁抹油③。

7 倒入花生浆，抹平后撒上花生粉装饰。

8 盖上锅盖用大火蒸。

9 蒸35分钟后取出放凉。

10 脱模后即可切成所需大小。

11 用10厘米×12厘米的单张塑料纸包成长条形④。

---

① 花生烘烤后有独特的花生香味，适合老人和小孩食用，不甜、不腻。

② 过筛的粉类分两次加入才不会结粒。

③ 也可以在容器内的底部垫烘焙纸或玻璃纸，以防粘黏不易脱模。

④ 一般双糕润材料比例均可代入公式（公式计算方式可见第128页），唯独花生双糕润与山药双糕润的材料比例无法用公式来计算。

南瓜双糕润

南瓜可为糕体增加筋道的口感，其本身的甜分也使得双糕润吃起来美味又健康。

分量

1盘份，尺寸为22厘米×16厘米×2厘米

材料

A 南瓜泥
南瓜200克（去皮后剩180克）、水220克

B 材料
白砂糖50克、糯米粉143克、蓬莱米粉95克、红薯粉48克、色拉油30克

C 装饰
南瓜子40克

做法

1 将南瓜洗净、去皮、切细丁。

2 放入果汁机加水180毫升绞成泥后，倒入钢盆中。

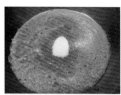

3 再加水40克分两次清洗果汁残渣，也倒入钢盆中。将材料A的南瓜泥与材料B中的白砂糖倒入钢盆中，以中火煮沸后，放至微温①②③。

4 将材料B中糯米粉、红薯粉、蓬莱米粉拌匀、过筛④。

5 取一白铁容器倒入步骤4的粉类过筛。加入放凉的南瓜泥拌成粉浆，再加入色拉油拌匀。

6 取尺寸为22厘米×16厘米×2厘米的容器，在内部垫PP耐热塑料纸[5]。

7 将南瓜泥慢慢倒入模具中抹平。

8 上面覆盖一层南瓜子。

9 中火蒸40分钟[6]。

10 取出放凉、脱模后翻面撕去耐热纸[7]。

11 切成若干个8厘米×4厘米×2厘米的块[8]。

12 以8厘米×10厘米的单张塑料纸包成长条形。

代入公式动手算算看

材料总量与水量相加后，求出需要准备的粉量。

[180克（南瓜）+180克（水量）+40（水量）]÷1.4＝285.7（所需总粉量）
285.7÷6≈47.6（1份的粉量）
47.6×3≈143（糯米粉的粉量）
47.6×2≈95（蓬莱米粉的粉量）
47.6×1≈48（红薯粉的粉量）

☼ Tips

1. 详细的公式计算请见第128页。
2. 各项粉类的公式计算以四舍五入来取整数，方便准备材料分量。

① 南瓜无论蒸、煮、炒均会出水影响口感，所以必须先将南瓜打成泥后，加热、煮沸后让口感更绵润，若不加热直接拌成粉浆口感较柔嫩。
② 南瓜因放置时间长短之分，造成出水量的不同，所以加糖熬煮时应煮至浓稠，减少水分才能确保南瓜的口感。
③ 南瓜本身味甜所以不需要多加糖。
④ 红薯粉比例越高，成品的口感会更加筋道、软润。
⑤ 也可以在容器内围底部抹油或垫烘焙纸，以防粘黏、方便脱模。
⑥ 使用燃气灶时必须用大火，并视糕体厚薄程度调整蒸煮的时间。
⑦ 糕体要完全冷却后，才好脱模。
⑧ 切时在刀口抹适量油才不会黏刀。

芋头双糕润

口感软嫩的双糕润，加上煮滚后的芋头，香味扑鼻、层次更加丰富，红薯粉等粉类的添加比例可依个人喜好调整，是一道令人爱不释手的甜点。

☰ 分量

可做1盘份，尺寸为16厘米×8厘米×4厘米，可切成10块

·:材料

A 芋头泥
芋头200克、水220克、白砂糖80克

B 材料
糯米粉111克、红薯粉37克、蓬莱米粉74克、色拉油40克、芋香紫薯粉6克

C 装饰
芋头丝60克

👨‍🍳 做法

1 材料A芋头洗净、去皮后切丁。

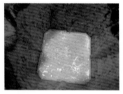

2 放入果汁机加水180克打成泥后，倒入钢盆中。分两次加40克的水，清洗果汁的残渣也倒入钢盆中，加白砂糖80克以中火煮沸后放至微温。

3 将材料B中的糯米粉、红薯粉、蓬莱米粉拌匀、过筛后，倒入容器中①②。

4 加入放凉的芋头泥拌成粉浆。

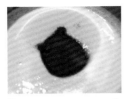

5 再加入色拉油及芋香紫薯粉拌匀[3]。

6 取模具（尺寸为16厘米×8厘米×4厘米），于底部垫PP耐热塑料纸。将芋头粉浆慢慢倒入模具中抹平[4]。

7 将材料C中的芋头洗净、去皮、刨丝后，覆盖在芋头粉浆上[5][6]。

8 盖上蒸笼盖，以中火蒸35分钟[7]。

9 取出放凉后脱模，翻面，撕去耐热纸[8]。

10 切成所需大小（8厘米×4厘米×2厘米）。

11 以8厘米×10厘米的单张塑料纸包成长条形[9]。

代入公式动手算算看

根据材料总量与水量，求出需要准备的分量。
芋头因含淀粉量高，使用比例需进行适当调整（粉加材料：水＝1：1.8）。

[180（芋头）＋180（水量）＋40（水量）]÷1.8＝222.2（所需总分量）
222.2÷6≈37（1份的分量）
37×3＝111（糯米粉的分量）
37×2＝74（蓬来米粉的分量）
37×1＝37（红薯粉的分量）

☀Tips

1. 详细的公式计算请见第128页。
2. 各项粉类的公式计算以四舍五入法来取整数，便于准备材料分量。

① 芋头泥绞好后加热煮沸口感更筋道，如不加热直接拌成粉浆口感更柔嫩。

② 红薯粉比例越高成品口感越软润。

③ 加入芋香紫薯粉只起到调色的作用，也可以不加。

④ 也可以在容器内部周围抹油或在底下垫烘焙纸，以防粘黏方便脱模。

⑤ 芋头刨丝可直接加入，也可将芋头丝一半的糖量（30克）撒入蒸盘中，让芋头丝粘上糖黏在一起。

⑥ 如果蒸盘底部用硅胶膜则无须铺纸，一般的烤盘需先抹油并铺上烘焙纸，放入蒸笼蒸5分钟。盘面大小最好与蒸盘一样大（16厘米×8厘米×4厘米），蒸时可整盘盖在芋头粉浆上当装饰。

⑦ 若用家用燃气灶则需转为大火蒸煮。

⑧ 糕体要完全冷却后，才容易脱模。

⑨ 切时在刀口涂适量油不会黏刀。

红糖双糕润

这也是一道以甜而不腻的红糖来变换口味的做法。添加适量芋头丝，还可以让口感更有层次。

☰ 分量

可做1盘份，尺寸为22厘米×8厘米×2厘米

❖ 材料

A 材料
红薯粉150克、糯米粉100克、蓬莱米粉50克、色拉油20克、红糖100克、水300克

B 装饰
芋头丝60克

做法

1 将糯米粉、蓬莱米粉、红薯粉先过筛备用。

2 取一锅，倒入色拉油，油温升高后离火。

3 将红糖放入锅中炒至溶化。

4 倒入1/3水拌匀。

5 开大火将红糖水煮沸使红糖溶化后熄火，再冲入剩下2/3的水拌匀。

6 加入过筛后的粉类至红糖浆中。

7 慢慢拌匀成膏状。

8 取一模具（尺寸为22厘米×8厘米×2厘米），于底部垫玻璃纸①。

9 倒入红糖浆抹平后，撒上芋头丝。

10 盖上锅盖用大火蒸35分钟。

11 取出放凉、脱模，即可切成所需大小②。

12 以10厘米×12厘米的单张塑料纸包成长条形。

代入公式动手算算看

材料总量与水量加总后，求出需要准备的分量。

$$[20（色拉油）+100（红糖）+300（水）]÷1.4=300（所需分量）$$
$$300÷6=50（1份的分量）$$
$$50×3=150（红薯粉的分量）$$
$$50×2=100（糯米粉的分量）$$
$$50×1=50（蓬莱米粉的分量）$$

☼ Tips

1. 因口味有所变换，每种分量的比例与公式计算上有所不同，但3种分量加总后的总分量需维持不变。
2. 详细的公式计算请见第128页。
3. 公式计算皆以四舍五入法来取整数，方便准备材料分量。

---

① 也可在容器内部抹油或于底部垫烘焙纸，以防粘黏不易脱模。
② 糕体要完全冷却后，才好脱模；切时在刀口抹油才不会黏刀。

山药双糕润

山药是一种富含许多营养成分的食材，山药双糕润口感软糯，甜而不腻，老少咸宜。

分量
可做1盘份，尺寸为22厘米×8厘米×2厘米

材料
A 山药泥
山药200克、水220克、盐3克

B 材料
白砂糖80克、色拉油40克、红薯粉60克、糯米粉40克

做法

1 将山药洗净、去皮、切丁。将糯米粉、红薯粉先过筛备用①。

2 将山药倒入料理机中，加180克的水、盐打成泥后，倒入钢盆中。

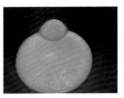
3 将40克水分两次（各20克）倒入料理机中清洗，并将山药泥连同水一起全部倒入容器中。将山药泥加白砂糖加热至糖溶化后，离火放凉至50℃。

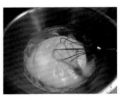
4 加入色拉油拌匀。

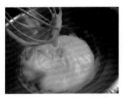
5 将过筛后的粉类倒至山药泥中，慢慢拌匀成膏状。

6 取一模具（尺寸为22厘米×8厘米×2厘米）并在底部垫玻璃纸②。

7 倒入山药泥抹平。

8 盖上锅盖用大火蒸35分钟取出。

9 放凉、脱模。

10 切成所需大小③。

11 用10厘米×12厘米的单张塑料纸包成长条形。

① 山药去皮后的黏液，需多洗几次才能将黏液完全洗掉才不会黏手，不过那是营养成分，所以不要全部洗掉。
② 也可以在容器周围底部抹油或底部垫烘焙纸，以防粘黏不易脱模。
③ 糕体要完全冷却后，才好脱模；切时在刀口涂适量油才不会黏刀。

Tips
1. 一般双糕润制作时材料的用量均可参照公式，唯独花生双糕润与山药双糕润无法用公式计算分量。
2. 山药种类有多种，购买时请注意，只要看到切口处转为灰褐色时请不要购买，即使切口处是白色也要注意，有些煮后变成灰色，所以放入果汁机搅拌时需加盐以防变色。
3. 山药因含大量淀粉，吸水量惊人，所以做法也有所不同。

红薯双糕润

红薯双糕润也是其中一道变换口味、口感层次更多元的双糕润。还可以依个人喜好，调整红薯粉等粉类的添加比例。

☰ 分量

可做1盘份，尺寸为22厘米×8厘米×2厘米

⠇ 材料

A 红薯泥

红薯180克、水220克

B 材料

白砂糖40克、糯米粉136克、蓬莱米粉90克、红薯粉45克、色拉油30克

C 装饰

红薯丝40克、白砂糖10克

🍳 做法

1 将红薯洗净、去皮、切细丁。

2 放入料理机中，加水200克打成泥后倒入钢盆中。

3 再加水20克清洗果汁残渣后，也倒入钢盆中。加入白砂糖40克，以中火煮沸后放至微温①②。

4 将糯米粉、红薯粉、蓬莱米粉拌匀、过筛后倒入容器中③。

5 加入放凉的红薯泥拌成粉浆后加入色拉油拌匀。

6 取一模具（尺寸为16厘米×8厘米×4厘米）于底部垫PP耐热塑料纸，取红薯粉浆慢慢倒入模具中抹平④。

7 将红薯洗净、去皮、刨丝，放入10克白砂糖拌匀。

8 放入电饭锅蒸熟。

9 熟红薯丝蘸上糖后，覆盖一层在红薯粉浆上，盖上蒸笼盖以中火蒸40分钟⑤⑥⑦。

10 取出后放凉。

11 脱模后翻面，撕去耐热纸⑧。

12 切成所需大小（8厘米×4厘米×2厘米）。

13 以8厘米×10厘米的单张塑料纸包成长条形⑨。

代入公式动手算算看

材料总量与水量加总后，求出需要准备的分量。

$[\,160（红薯）+200（水）+20（水）\,]÷1.4=271（所需总分量）$
$271÷6≈45.2（1份的分量）$
$45.2×3≈136（糯米粉的分量）$
$45.2×2=90（蓬来米粉的分量）$
$45.2×1=45（红薯粉的分量）$

☀ Tips

1. 详细的公式计算请见第128页。
2. 各项粉类的公式计算皆以四舍五入法来取整数，方便准备材料分量。

① 红薯泥绞好后加热煮沸口感更绵软，若不加热直接拌成粉浆口感更柔嫩。
② 红薯味甜，所以糖不必多放。
③ 红薯粉比例越高，成品口感越筋道、软润。
④ 也可以在容器内部周围抹油或底下垫烘焙纸，以防粘黏较易脱模。
⑤ 红薯丝蘸上糖会黏在一起，能使红薯丝更柔嫩，假如不蘸糖直接放上会跟南瓜一样出现水汽，影响口感。
⑥ 如用硅胶模无须铺纸，若使用一般的烤盘需先抹油或铺上烘焙纸，放入蒸笼蒸5分钟，盘面大小最好与蒸盘一样大（16厘米×8厘米×4厘米），放入蒸锅蒸时可整盘放入。
⑦ 若使用家用燃气灶则须转成大火蒸煮。
⑧ 糕体要完全冷却后，才会容易脱模。
⑨ 切时在刀口涂适量油才不会粘刀。

抹茶红豆双糕润

　　口感柔嫩的糕体搭配抹茶香与蜜红豆的甜味，使得双糕润的口感层次更多元，是一道值得品尝的甜点。

分量

可做1盘份，尺寸为16厘米×8厘米×4厘米

材料

A 糕体

糯米粉200克、红薯粉80克、白砂糖150克、色拉油40克、抹茶粉10克、冷水330克

B 装饰

蜜红豆120克（做法详见第118页）

做法

1 先将糯米粉、红薯粉拌匀，过筛备用。取一白铁容器先倒入过筛的粉类。

2 再加入抹茶粉、白砂糖拌匀。

3 拌成干粉状。

4 加入色拉油拌匀。

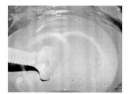

5 加入水，慢慢拌成粉浆。

6 取一模具（尺寸为16厘米×8厘米×4厘米），于内部底下垫PP耐热塑料纸[1]。

7 将抹茶浆慢慢倒入模具中抹平，上面覆盖一层材料B蜜红豆装饰。

8 盖上蒸笼盖，以中火蒸40分钟[2]。

9 取出放凉、脱模[3]。

10 切成所需大小（8厘米×4厘米×2厘米）[4]。

11 用10厘米×12厘米的单张塑料纸包成长条形。

[1] 也可以在容器内部周围抹油或在底下垫烘焙纸，以防粘黏方便脱模。

[2] 若使用家用燃气灶则需转成大火蒸。

[3] 糕体要完全冷却后，才好脱模。

[4] 切时在刀口抹适量油才不会黏刀。

番茄双糕润

　　家里的水果存货大都是香蕉、番石榴、番茄等，想要消耗存量不妨动手一试，但是香蕉、番石榴、番茄均容易变黑，所以切后需加盐水处理。

☰ 分量

可做1盘份，尺寸为22厘米×8厘米×2厘米

∴ 材料

A 番茄泥
番茄220克、水240克

B 材料
白砂糖80克、盐3克、色拉油40克、红薯粉191克、糯米粉128克、蓬莱米粉64克

C 装饰
橘皮80克

🍳 做法

1 将番茄洗净、切片后放入果汁机。

2 加220克的水打成泥后倒入钢盆中。再加20克水清洗果汁机后，再次倒入钢盆中①。

3 加白砂糖、盐倒入钢盆中，加热至糖溶化后离火放凉至50℃，加入色拉油拌匀。

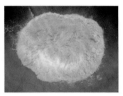

4 将材料B中的粉类过筛备用。

5 将番茄泥慢慢加入过筛后的粉类中，拌成膏状②。

6 取一模具（尺寸为22厘米×8厘米×2厘米）于底部垫隔热纸。

7 橘皮切丁备用③。

8 倒入番茄泥抹平后，撒上橘皮丁。

9 盖上锅盖用大火蒸35分钟。

10 取出放凉、脱模④。

11 切成所需大小，以10厘米×12厘米的单张塑料纸包成长条形。

☀ Tips

1. 糯米粉较有黏性，蓬莱米粉较软，红薯粉具有一定的硬度，可依个人口感变换粉的用量，但3种粉的总使用量需维持不变。

2. 制作时糕浆比例只能为"粉加材料1：水＝1~1.2"，水量太多则会使番茄双糕润口感较软。

---

① 番茄切开后很容易变黑，需先加盐水洗过才不会变黑，也不宜放置过久才制作。
② 番茄泥较软烂，所以这里红薯粉用得较多。
③ 也可于容器内部周围抹油或底下垫烘焙纸、玻璃纸，以防粘黏不易脱模。
④ 糕体要完全冷却后，才好脱模；切时在刀口抹适量油不会黏刀。

番石榴双糕润

　　吃不完的番石榴也能用来做成双糕润！美味健康又有脆度的番石榴，结合糕体本身的软嫩口感，佐茶刚刚好。

☰ 分量

可做1盘份，尺寸为22厘米×8厘米×2厘米

❖ 材料

A 番石榴泥
番石榴180克、水220克

B 材料
白砂糖60克、盐3克、色拉油40克、红薯粉95克、糯米粉143克、蓬莱米粉48克

C 装饰
芒果干切丁80克

（成品：有加入红萝卜做装饰）

🍳 做法

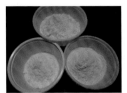

1 将材料B的粉类过筛备用。

2 将材料A中番石榴洗净、切片后放入果汁机，加入180毫升的水打成泥倒入钢盆中。将40克水分两次清洗果汁机后再次倒入钢盆中①。

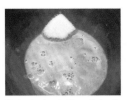

3 加入白砂糖、盐加热至糖溶化后，离火放凉至50℃。

4 加入色拉油拌匀成番石榴粉浆。

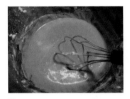

5 将过筛后的粉类，分2次加至粉浆中，慢慢拌匀成膏状②。

6 取一模具（尺寸为22厘米×8厘米×2厘米）于底部垫隔热纸③④。

7 倒入番石榴粉浆抹平。

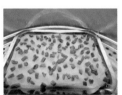

8 将芒果切丁，撒于粉浆上面。

9 盖上锅盖用大火蒸35分钟，取出后放凉、脱模。

10 切成所需大小，用10厘米×12厘米的单张塑料纸包成长条形。

代入公式动手算算看

材料总量与水量加总后，求出需要准备的分量。

[180（番石榴）+ 180（水）+ 40（水）] ÷ 1.4 = 285.7（所需总分量）
285.7÷6≈47.6（1份的分量）
47.6×3≈143（糯米粉的分量）
47.6×2≈95（红薯粉的分量）
47.6×1≈48（蓬来米粉的分量）

💡 Tips

1. 糯米粉较有黏性，蓬来米粉较软，红薯粉口感较筋道，可依个人口感变换粉的用量，但3种粉的总使用量需维持不变。
2. 详细的公式计算请见第128页。
3. 各项粉类的公式计算皆以四舍五入来取整数，较好准备材料分量。

---

① 番石榴切开后容易变黑，需先加盐水洗过才不会变黑，也不宜放置过久。
② 粉类分2次加入才不会结粒。
③ 也可于容器内部周围抹油或底下垫烘焙纸、玻璃纸，以防粘黏不易脱模。
④ 糕体要完全冷却后，才好脱模；切时要在刀口抹适量油才不会黏刀。

香蕉双糕润

香蕉吃不完，想要消耗存量时不妨动手一试。但是香蕉非常容易变黑，所以剥皮后需加盐处理，或是立即制作成香蕉双糕润。

☰ 分量

可做1盘份，尺寸为22厘米×8厘米×2厘米

∴ 材料

A 香蕉泥
香蕉1根（约220克）、水240克

B 材料
白砂糖60克、盐3克、色拉油40克、红薯粉52克、糯米粉157克、蓬莱米粉105克

C 装饰
杏仁片40克

👨‍🍳 做法

1 先将材料B的粉类过筛备用。将香蕉剥皮、切片放入果汁机，加200克的水打成泥倒入钢盆中。将40克水分2次倒入果汁机清洗，并2次再倒回钢盆中①。

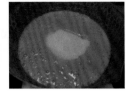

2 钢盆中再加入白砂糖、盐，加热煮沸。

3 糖溶化后，离火放凉至50℃。

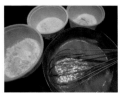

4 再加入色拉油拌匀。

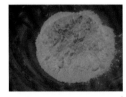

5 将过筛后的粉类倒入盆中后。

6 慢慢加入香蕉泥拌成膏状②。

7 取一模具（尺寸为22厘米×8厘米×2厘米），在底部垫隔热纸③。

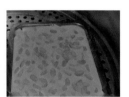

8 倒入香蕉粉浆，抹平后，撒上杏仁片。

9 盖上锅盖用大火蒸35分钟。

10 取出放凉、脱模④。

11 切成所需大小，以10厘米×12厘米的单张塑料纸包成长条形⑤。

---

① 香蕉剥皮切开后很容易变黑，需先加盐水洗过，也不宜放置过久才制作。

② 香蕉泥较稠些所以不必多放红薯粉。

③ 也可于容器内部周围抹油或底下垫烘焙纸、玻璃纸，以防粘黏不易脱模。

④ 糕体要完全冷却后，才好脱模。

⑤ 切时在刀口抹适量油才不会黏刀。

代入公式动手算算看

加总材料与水量后，求出需要准备的分量。

[200（香蕉）+ 200（水）+ 40（水）] ÷ 1.4 = 314.2（所需总分量）
314 ÷ 6 ≈ 52.3（1份的分量）
52.3 × 3 ≈ 157（糯米粉的分量）
52.3 × 2 ≈ 105（蓬莱米粉的分量）
52.3 × 1 ≈ 52（红薯粉的分量）

💡 Tips

1. 香蕉泥较浓稠，糕浆比例可用到1.4的公式代入"粉加材料1：水1.4"。

2. 糯米粉较有黏性，蓬莱米粉较软，红薯粉口感较筋道，可依个人口感变换粉的用量，但3种粉总的使用需求维持不变。

3. 详细的公式计算请见第128页。

4. 各项粉类的公式计算皆用四舍五入法来计算，方便准备材料分量。

奶油小酥饼

早期的奶油酥饼是用猪油及糕仔糖做的，可是有些到寺庙进香的香客吃素，所以没办法食用用猪油做的酥饼，后来就逐渐改良用黄油来制作，让吃素者也能食用。

分量

可做30个，每个35克（油皮12克、油酥8克、内馅15克）

材料

A 油皮

中筋面粉200克、无水黄油70克、水80克、糖粉10克

B 油酥

低筋面粉170克、无水黄油70克

C 内馅

低筋面粉110克、马铃薯粉50克、糕仔糖100克（做法请见第153页）、无水黄油50克、奶粉30克、麦芽糖90克、炼乳20克

🍳 制作内馅

1 将低筋面粉、马铃薯粉蒸熟后趁热过筛。将糕仔糖放入缸中，加入无水黄油拌匀。

2 加入麦芽糖、炼乳用浆状慢速拌匀。

3 加入步骤1的熟粉、奶粉及马铃薯粉再次拌匀成团①。

4 取出后分割成若干个单个重量为15克的小面团备用。

🍳 制作外皮与组合

5 将材料A混合后用搅拌器慢速拌匀，转中速拌至光滑后，取出静置20分钟。

6 分割成若干个单个重量为12克的小面团备用。

7 材料B拌匀成油酥，分割成若干个单个重量为8克的小油酥。

8 将油酥包入油皮中，压扁擀长后，由上而下卷起②。

9 重复一次擀长、由上而下卷起的步骤，最后擀成圆形包入内馅。取出塑料模具，压出图形排入烤盘。

10 可在"眼睛"上面戳洞，放入烤盘表面朝下③。

11 放入烤箱下层以上火170℃、下火180℃烤12分钟。

12 着色后翻面再烘烤5分钟即可④⑤。

---

① 低筋面粉蒸熟后过筛即为熟粉。

② 做油皮时需注意，为避免油皮变形或走样，不应用擀面杖由中间擀出，或由旁边擀入，容易造成螺纹扩散或挤在一起变形。尽量在擀制时用手掌先把油皮中间压下拍扁，再慢慢拍往四周，拍到旁边时把边缘拍薄就可以包了。

③ 要烤前先戳，不能烤后再戳。

④ 翻面是为了使食材着色均匀。

⑤ 皮与馅的软硬度一定要一致才好操作，成品口感与凤梨酥相近。

糕仔糖做法

∵材料

白砂糖600克、水225克

🍳 做法

1. 将白砂糖、水一起放入锅中煮沸。
2. 煮至发黏、温度升至114℃，关火待冷。
3. 温度降至50℃时，搅至糖水变成白色糖。

☀ Tips

如果想减少制作糕仔糖的材料用量，最少只能减为白砂糖200克、水80克，因为糖量太少容易焦边，影响颜色及糕体，且必须要使用较厚的锅以防焦底。

奶油小软饼

这道奶油酥饼外酥内软，是素食者也能食用的点心。

☰ 分量

可做30个，每个28克（油皮8克、油酥5克、内馅15克）

⸭ 材料

A 油皮

中筋面粉100克、低筋面粉40克、无水黄油50克、温水60克

B 油酥

低筋面粉110克、无水黄油50克

C 馅料

蓬莱米粉170克、水130克、糕仔糖90克（做法请见第155页）、无水黄油30克、奶粉30克

🍳 制作馅料

1 将蓬莱米粉和水先拌成团，分割成5块，每个60克。

2 取一锅水，煮沸后放入分割的面团煮至浮起。

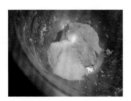

3 糕仔糖放入容器中加入无水黄油、奶粉拌匀。放入煮熟的面团用搅拌器慢速拌匀。

4 取出后分割成若干个单个重量为15克的小面团备用。

🍳 制作外皮与组合

5 将材料A混合以搅拌器慢速拌匀，转中速拌至光滑后取出油皮静置20分钟。

6 将油皮分割成若干个单个重量为8克的小面团备用。

7 材料B分割成若干个单个重量为5克的小油酥。

8 将油酥包入油皮中压扁（油皮在外油酥在内），擀长、由上而下卷起。再重复一次擀长后由上而下卷起的步骤[1]。

9 擀成圆形包入内馅。取出塑料鸟形模具，压出图形后排入烤盘。在小鸟眼睛部位戳洞[2]。

10 放入烤盘表面朝下。

11 放入烤箱底层以上火170℃、下火180℃烤12分钟。

12 凸起后翻面再烤[3]，再烘烤5分钟即完成[4]。

糕仔糖做法

∴材料
白砂糖600克、水225克

🍳 **做法**

1. 将白砂糖、水一起放入锅中煮沸。
2. 煮至发黏且温度升至114度时，关火待冷却。
3. 温度降至50℃时，搅至糖水变成白色。

💡 **Tips**

如果想减少制作糕仔糖的材料用量，最少只能减到白砂糖200克、水80克，因为糖量太少容易焦边，影响颜色及糕体，且必须要使用较厚的锅以防焦底。

---

① 制作油皮时需注意，为避免油皮变形或走样，不应用擀面杖由中间擀出，或由旁边擀入，容易造成螺纹扩散或挤在一起变形。尽量在擀制时用手掌先把油皮中间压下拍扁，再慢慢拍往外四周，拍到旁边时把边缘拍薄就可以包了。

② 要烤前先戳，不能烤后再戳。

③ 翻面的动作是为了使食材着色均匀。

④ 皮与馅的软硬度一定要一致才好操作，成品的口感与凤梨酥接近。

霸王别姬糕

入口即化的霸王别姬糕，绿豆馅甜而不腻，是一道好吃的古早味点心。

☰ 分量

可做9个，每个约30克

⋮ 材料

绿豆100克、白砂糖40克、糕仔粉80克、香油60克

👨‍🍳 做法

1 绿豆洗净、浸泡4小时，滤干水分后蒸30分钟，取出后捣碎，趁热过筛。

2 锅中放入白砂糖以小火干炒至110℃。

3 加入过筛的绿豆拌匀后取出。

4 加入糕仔粉、绿豆混合过筛，中间挖空。

5 加入香油拌匀，用手捏可成团。取出塑料模，装入糕粉轻轻抹平①。

6 压出。

7 排入盘中20分钟后即可食用。

💬 吕师傅说故事

历史上有名的故事《霸王别姬》中的楚霸王项羽虽然个性刚强、霸气十足，却偏爱柔情似水、多才娇美的女人，也甚喜柔软松绵的糕点。相传项羽于乌江自刎前与虞姬的最后一场晚宴，虞姬为项羽献上最喜欢的糕点，项羽则感叹大势已去，虞姬随即拿起项羽腰间佩剑自刎，项羽伤心之余遂将那道糕点命为"别姬糕"，并命令往后不得再做，以示诀别，但想不到隔天自己也英雄气短在乌江自刎！

① 如无法成团需再加油，并用筛网筛过后再试。

芋头紫薯软糕

芋头糕体口感软嫩，是一道老少咸宜的美味糕点。

分量

可做1盘份，尺寸为16厘米×8厘米×4厘米，可切10块

材料

A材料

芋头200克（去皮后剩180克）、黏米粉80克、糯米粉30克

B材料

椰浆150克、水70克、白砂糖60克、色拉油10克、芋香紫薯粉6克

C装饰

椰子丝10克

做法

1 芋头洗净、去皮、切细丁后，放入蒸笼蒸熟。

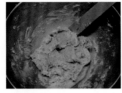

2 用手可揉碎时，倒入钢盆中趁热压成泥。

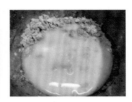

3 材料A的粉类过筛倒入钢盆中，拌成湿粉状，加入椰浆拌至浓稠。

4 再加入水及白砂糖、色拉油、芋香紫薯粉拌至黏稠状①②。

5 取一模具（尺寸为16厘米×8厘米×4厘米），底部垫PP耐热塑料纸，将芋头泥浆慢慢倒入模具中抹平③。

6 盖上蒸笼盖以中火蒸20分钟④。

7 取出放凉后，翻面撕去耐热纸。

8 脱模后用齿纹切割器切成尺寸为6厘米×4厘米×3厘米的块⑤。

9 撒适量椰子丝做装饰，并用8厘米×10厘米的单张塑料纸包成长方形即完成。

---

① 糕体加入色拉油可减少黏手。

② 如果有结粒则用筛网过筛；加入芋香紫薯粉只是调色用，也可以不加。

③ 可于容器内部周围抹油或底下垫烘焙纸，以防粘黏，也方便脱模。

④ 使用家用燃气灶则需转成大火。

⑤ 糕体要完全冷却后，才容易脱模；糕体有点黏，切时在刀口抹适量油才不会黏刀。

抹茶山药软糕

此道软糕结合抹茶的浓郁口味与山药的营养，细嫩的口感，大人小孩都爱吃。

☰ 分量

可做1盘份，尺寸为22厘米×16厘米×2厘米，可切成3个

⁖ 材料

A 外皮（抹茶浆）
糯米粉80克、玉米粉80克、白砂糖20克、色拉油10克、抹茶粉6克、凉开水108克

B 内馅（山药馅）
山药235克、白砂糖20克、炼乳30克、盐2克

C 装饰
珍珠糖20克

🍳 制作内馅

1 山药去皮、洗净、切丁，蒸熟①。

2 趁热捣碎，加入白砂糖和盐，用饭匙轻轻搅拌均匀②。

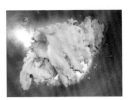

3 加入炼乳拌匀。

4 将山药馅放入塑料袋中卷成直径为4厘米、长16厘米的圆柱体备用。

🍳 制作外皮与组合

5 先将材料A中的糯米粉、玉米粉拌匀过筛后，倒入白铁容器中。

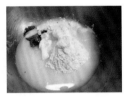

6 加入抹茶粉、白砂糖拌匀，再加入色拉油拌匀。

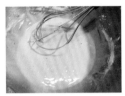

7 加入水，慢慢拌成粉浆。

8 取一容器（尺寸为16厘米×8厘米×4厘米）于底下垫PP耐热塑料纸，将抹茶粉浆慢慢倒入模具中，抹平③。

9 盖上蒸笼盖以中火蒸20分钟④。

10 取出放凉、脱模，撕去塑料纸⑤。

11 放上卷好的山药卷，从头部开始卷起，卷成圆柱体静置20分钟。

12 待定形后切成长6厘米、直径为4厘米的3块抹茶卷。铺上白报纸，蘸上珍珠糖，再以10厘米×12厘米的单张塑料纸包成长条形。

---

① 山药黏液，需多洗几次，山药皮中所含的皂角素或黏液里含的植物碱，少数人接触会引起山药过敏而发痒，处理山药时应避免直接接触或戴塑料手套。

② 放盐是为避免食用后胃部胀气及减少甜分。

③ 也可以在容器内部周围抹油或底下垫烘焙纸，以防粘黏，也方便脱模。

④ 若使用家用燃气灶则需转成大火，糕体较薄蒸20分钟即可。

⑤ 糕体要完全冷却后，才容易脱模。

💡 Tips

山药肉质细嫩，含有极丰富的营养保健物质。除寒、去热、避邪气、补中益气、长肌肉、久服耳目聪明，能"助五脏、活筋骨、益肾气、健脾胃、止泻痢、化痰涎、润毛皮"，增强人体免疫功能。其所含胆碱和卵磷脂有助于提高人的记忆力，常食之可健身强体、延缓衰老，是人们所喜爱的保健佳品。具有滋补健身、养颜美容之功效，是不可多得的健康、营养美食。

水软式蛋饼

这种水软式蛋饼有如蚵仔煎般软嫩，是早餐店最受欢迎的选项之一。

☰ 分量

可做30个，每个约100克

⁘材料

A 材料
高筋面粉600克、淀粉
400克、水1600克、奶粉
120克、色拉油150克、
味精15克、盐15克、芹菜
100克

B 材料
鸡蛋30个

🍳 做法

1 先将所有材料备齐，芹
菜洗净、晾干、切细丁备
用。高筋面粉、淀粉、奶
粉混合过筛，放入锅中加
入水先拌匀。

2 再加入色拉油、味精、
盐将面糊拌至浓稠[1]。

3 将芹菜切碎。

4 加入面糊中拌匀，静置
2小时使其溶出筋性，倒
入小锅中冷藏[2]。

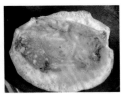

5 制作时舀一大匙（约
100克）放入平底锅，先
煎至金黄色再翻面。将鸡
蛋打散倒入面糊中，煎至
两面金黄即可盛出[3]。

---

[1] 以打蛋器勾起面糊，若慢速下垂，则面糊已浓稠。
[2] 静置后粉浆会变得有黏性，粉浆在煎制过程也不易断裂，同
　　时口感会更加柔软、细嫩。
[3] 食用时可加胡椒粉或酱油、番茄酱提味。

 Tips

请注意本品不易保存，常温下只能保存4小时，冷藏也只能
保存4天，冷冻可放置15天，建议制作时尽量以2天内用完的
量为标准。若是做好后出售则不在此限。

馓子

馓子是一种油炸食品，色泽金黄，香脆可口。

☰ 分量
可做5个，每个约135克

⸭材料
中筋面粉300克、糯米粉75克、老肥30克（做法请见第165页）、盐3克、糖粉20克、色拉油45克、水200克

👨‍🍳 做法

1 将糯米粉、中筋面粉、老肥、糖粉、盐、色拉油先拌成湿粉状。

2 加入水混合拌成团，静置10分钟。

3 将面团分成若干个单个重量为130克的小面团，搓圆，静置15分钟。

4 取一个面团从中间挖洞并向外用手搓大。当所有面团都搓完后，全部都蘸一些油（材料外）再静置10分钟。

5 将面团搓成圆圈后搓成倒"8"字形，再对折成两个小圆圈。

6 将面圈搓大后，再对折两次成倒"8"字形，对折成4个小圆圈再静置30分钟。

7 油锅倒入七分满的色拉油（材料外）以中火预热至150℃，转小火保温。将圆圈用两手合掌搓细拉长，并一直搓圆拉长，至如同筷子般粗细。

8 先拉一段放在手掌上绕圈（约20厘米长），并依顺序盘绕①。

9 将两根长筷子穿过圆圈，上下撑开拉成长圈形。

10 放入油锅中略微拉开撑长，此时面条会鼓起。

老肥做法

📍材料

中筋面粉20克、水10克

👨‍🍳 做法

将所有材料拌匀后冷藏，放置两晚后即为老肥。

💡Tips

制作老肥时不需加酵母粉。

11 趁面条未变硬前先对折成扇形，略微着色时翻一下面。

12 当两面都呈金黄色时即可捞出控油。

---

① 注意每条馓子长度需一致，才不会散开。

馕饼

馕饼与馓子都是新疆维吾尔族、哈萨客族、回族等地区的主要面食，合称新疆二绝，凡到新疆几乎随处可见。

☰ 分量

可做2个9寸馕饼，每个840克（饼皮约240克、馅料600克）

⁚∙ 材料

A 饼皮

中筋面粉300克、盐2克、色拉油20克、水160克、黑胡椒粉3克、干酵母粉3克

B 馅料

黄甜椒1个（约100克）、青甜椒1个（约100克）、红甜椒1个（约100克）、奶酪丝250克、洋葱1个、培根6条（70克）、番茄酱80克、3色蔬菜200克

🍳 制作外皮

1 将所有材料A倒入面包机或盆中①②。

2 将面团搅打至光滑并可拉出薄膜③。

3 取出面团放入盆中,包上保鲜膜静置60分钟。

4 待面团发酵至两倍大时,取出分割成2等份。

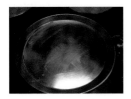

5 盖上保鲜膜或者湿布发酵10～15分钟后揉圆。将9寸比萨烤盘刷薄油。

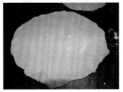

6 取一份面团按扁、擀平,将边缘推厚。

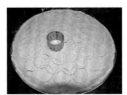

7 用模具在饼皮上打出均匀的花纹,在饼皮表面再刷一层薄油④⑤。

8 放入烤箱上层,温度调回上、下火各200℃先烤10分钟。调上火转为220℃,翻面再烤3～4分钟至略微金黄即可⑥。

🍳 制作内馅与组合

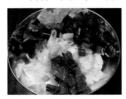

9 黄甜椒、青甜椒、红甜椒各自洗净去子、切丁,洋葱洗净、切丁,培根切丁。

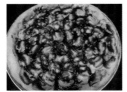

10 取一锅加入油,烧热后,将洋葱丁、黄甜椒、青甜椒、红甜椒各自炒至半热,略微出水即起。外皮烤好、出炉后趁热在表面再刷一层番茄酱。

11 将调匀的3色蔬菜、洋葱及椒类分别铺在馕饼上面。边缘也撒奶酪丝及培根丁⑦⑧。

12 再次放入上层烤箱以上、下火200℃烤12分钟至奶酪丝略微着色才会酥脆⑨⑩。

---

① 可加全麦面粉以增加面饼的香味。

② 加黑胡椒粉只是个人喜好,也可以不加,或是加入其他香草类的调料。

③ 面团搅打至光滑,能增加柔软度。

④ 家用烤箱以上、下火220℃预热;因不加糖难着色,所以放在烤温较高的上层。

⑤ 若是用家用烤箱因为空间不够要分2次烤,在烤第一个时,后面几个面要盖上保鲜膜或者湿布,以免面团表皮变干。

⑥ 翻面的动作是为了使食材着色均匀,而转变烤盘方向亦然。

⑦ 甜辣椒烤时容易出水所以不能多放。

⑧ 铺一层蔬菜培根丁再铺一层奶酪丝,直至全部撒完为上。

⑨ 放上层是为了让馕饼烤出焦色,更能突出奶酪的香气及酥脆感。

⑩ 注意烤到自己需要的颜色程度时,立即关火,以免烤过火变得焦黑。

💬 吕师傅说故事

为了这两道新疆特产,还特地到新疆寻根,去了之后才发现新疆烤馕已变幻出多样口味。看到各式各样、琳琅满目如同比萨般的馕饼,真是大开眼界。

☀ Tips

取出趁热吃可见拉丝,口感更佳。

图书在版编目（CIP）数据

跟老师傅做怀旧糕饼 / 吕鸿禹著；杨志雄摄影.
— 北京：中国轻工业出版社，2021.5
ISBN 978-7-5184-2685-0

Ⅰ.①跟… Ⅱ.①吕…②杨… Ⅲ.①糕点－制作
Ⅳ.①TS213.23

中国版本图书馆 CIP 数据核字（2019）第 220367 号

责任编辑：卢　晶　　责任终审：劳国强　　整体设计：锋尚设计
责任校对：朱燕春　　责任监印：张京华

出版发行：中国轻工业出版社（北京东长安街6号，邮编：100740）
印　　刷：北京博海升彩色印刷有限公司
经　　销：各地新华书店
版　　次：2021年5月第1版第1次印刷
开　　本：720×1000　1/16　印张：10.5
字　　数：250千字
书　　号：ISBN 978-7-5184-2685-0　定价：49.80元
邮购电话：010-65241695
发行电话：010-85119835　传真：85113293
网　　址：http://www.chlip.com.cn
Email：club@chlip.com.cn
如发现图书残缺请与我社邮购联系调换
191110S1X101ZYW